"十四五"国家重点出

青少年人工智能科普丛书

人脸识别

李生林 / 编著

西南大学出版社

图书在版编目(CIP)数据

人脸识别 / 李生林编著 . -- 重庆：西南大学出版社，2024.5
ISBN 978-7-5697-2391-5

Ⅰ.①人… Ⅱ.①李… Ⅲ.①自动识别－普及读物 Ⅳ.①TP391.4-49

中国国家版本馆CIP数据核字(2024)第102924号

人脸识别
RENLIAN SHIBIE

李生林◎编著

图书策划：谭小军
责任编辑：张浩宇
责任校对：李　君
装帧设计：闰江文化
排　　版：张　艳
出版发行：西南大学出版社(原西南师范大学出版社)
经　　销：全国新华书店
印　　刷：重庆紫石东南印务有限公司
成品尺寸：140mm×203mm
印　　张：5.75
字　　数：152千
版　　次：2024年5月　第1版
印　　次：2024年5月　第1次印刷
书　　号：ISBN 978-7-5697-2391-5
定　　价：38.00元

总主编简介

邱玉辉，教授（二级），西南大学博士生导师，中国人工智能学会首批会士，重庆市计算机科学与技术首批学术带头人，第四届教育部科学技术委员会信息学部委员，中共党员。1992年起享受政府特殊津贴。

曾担任中国人工智能学会副理事长、中国数理逻辑学会副理事长、中国计算机学会理事、重庆计算机学会理事长、重庆市人工智能学会理事长、重庆计算机安全学会理事长、重庆市软件行业协会理事长，《计算机研究与发展》编委、《计算机科学》编委、《计算机应用》编委、《智能系统学报》编委、科学出版社《科学技术著作丛书·智能》编委、《电脑报》总编、美国IEEE高级会员、美国ACM会员、中国计算机学会高级会员。长期从事非单调推理、近似推理、神经网络、机器学习和分布式人工智能、物联网、云计算、大数据的教学和研究工作。已指导毕业博士后2人、博士生33人、硕士生25人。发表论文420余篇（在国际学术会议和杂志发表人工智能方面的学术论文300余篇，全国性的学术会议和重要核心刊物发表人工智能方面的学术论文100余篇）。出版学术著作《自动推理导论》（电子科技大学出版社，1992年）、《专家系统中的不确定推理——模型、方法和理论》（科学技术文献出版社，1995年）、《人工智能探索》（西南师范大学出版社，1999年）和主编《数据科学与人工智能研究》（西南师范大学出版社，2018年）、《量子人工智能引论》（西南师范大学出版社，2021年）、《计算机基础教程》（西南师范大学出版社，1999年）等图书20余种。主持、主研完成国家"973"项目、"863"项目、自然科学基金、省（市）基金和攻关项目16项。获省（部）级自然科学奖、科技进步奖四项，获省（部）级优秀教学成果奖四项。

《青少年人工智能科普丛书》编委会

主　任　邱玉辉　西南大学教授
副主任　廖晓峰　重庆大学教授
　　　　　王国胤　重庆师范大学教授
　　　　　段书凯　西南大学教授
委　员　刘光远　西南大学教授
　　　　　柴　毅　重庆大学教授
　　　　　蒲晓蓉　电子科技大学教授
　　　　　陈　庄　重庆理工大学教授
　　　　　何　嘉　成都信息工程大学教授
　　　　　陈　武　西南大学教授
　　　　　张小川　重庆理工大学教授
　　　　　马　燕　重庆师范大学教授
　　　　　葛继科　重庆科技学院教授

总序

人工智能(Artificial Intelligence，缩写为AI)是计算机科学的一个分支，是建立智能机，特别是智能计算机程序的科学与工程，它与用计算机理解人类智能的任务相关联。AI已成为产业的基本组成部分，并已成为人类经济增长、社会进步的新的技术引擎。人工智能是一种新的具有深远影响的数字尖端科学，人工智能的快速发展，将深刻改变人类的生活与工作方式。人工智能是开启未来智能世界的钥匙，是未来科技发展的战略制高点。

今天，人工智能被广泛认为是计算机化系统，它通常被认为需要以智能的方式工作和反应，比如在不确定和不同条件下解决问题和完成任务。人工智能有一系列的方法和技术，包括机器学习、自然语言处理和机器人技术等。

2016年以来，各国纷纷制订发展计划，投入重金抢占新一轮科技制高点。美国、中国、俄罗斯、英国、日本、德国、韩国等国家近几年纷纷出台多项战略计划，积极推动人工智能发展。企业将人工智能作为未来的发展方向积极布局,围绕人工智能的创新创业也在不断涌现。

牛津大学未来人类研究所曾发表一项人工智能调查报告——《人工智能什么时候会超过人类的表现》,该调查报告包含了352名机器学习研究人员对人工智能未来演化的估计。该调查报告的受访者表示,到2026年,机器将能够写学术论文;到2027年,自动驾驶汽车将无需驾驶员;到2031年,人工智能在零售领域的表现将超过人类;到2049年,人工智能可能造就下一个斯蒂芬·金;到2053年,将造就下一个查理·托;到2137年,所有人类的工作都将实现自动化。

今天,智能的概念和智能产品已随处可见,人工智能的相关知识已成为人们必备的知识。为了普及和推广人工智能,西南大学出版社组织该领域专家编写了《青少年人工智能科普丛书》。该丛书的各个分册力求内容科学,深入浅出,通俗易懂,图文并茂。

人工智能正处于快速发展中,相关的新理论、新技术、新方法、新平台、新应用不断涌现,本丛书不可能都关注到,不妥之处在所难免,敬请读者批评和指正。

邱玉辉

前言

人脸识别是最早进入实际应用的人工智能技术之一。经过多年发展，人脸识别作为身份认证的重要方式得到极为广泛的应用，如手机上各类软件的身份认证、支付宝支付身份认证，机场、高铁、小区门禁中身份认证等。

本书通过通俗易懂的语言向读者介绍了人脸识别的基本原理、技术，能够帮助读者加深对人工智能技术的认识与理解，进而使读者喜欢上人工智能，这也是本书作者希望达到的目的。

参与本书编写的还有周香伶、汪书民、杨子艺、王晨露、蔡海桑、付孝熠、张霜秀、陈世纪等人工智能专业的研究生。他们在本书的编写过程中做了大量的工作，也是本书的编著者之一，对他们做出的贡献在此表示感谢。

目录 CONTENTS

第一章 人脸识别概论
1.1 未来生活缩影……………………………003
1.2 人脸识别发展历程………………………005
1.3 人脸图像基本知识………………………007
1.4 人脸识别应用场景………………………010

第二章 人脸特征与识别
2.1 人脸特征是什么…………………………015
2.2 生物神经网络……………………………016
2.3 人脸特征的表示…………………………024
2.4 传统人脸特征提取………………………026
2.5 人脸特征自动提取………………………032

第三章 人脸检测与识别方法
3.1 人脸检测…………………………………039
3.2 人脸检测与人脸跟踪技术………………049
3.3 人脸识别…………………………………055

第四章 非常规人脸识别

4.1 动态人脸识别··075
4.2 异质人脸图像识别··084
4.3 基于人脸与人耳的多模态识别······························091
4.4 步态识别···096

第五章 人脸表情识别

5.1 人脸表情识别概述···103
5.2 人脸表情的分类··106
5.3 人脸表情特征提取与人脸识别······························113
5.4 人脸表情识别与应用··122

第六章 人脸识别的应用

6.1 人脸美颜领域···129
6.2 门禁系统领域···139
6.3 人脸支付领域···145
6.4 考勤签到领域···150
6.5 智慧出行领域···154

第七章 法律与伦理

7.1 人工智能与法律··159
7.2 人工智能的伦理概述··168
7.3 人脸识别的法律需求··172

第一章 人脸识别概论

1.1 未来生活缩影

《千里江山图》绘出山峰层峦叠嶂,江水烟波浩渺,村落屋舍交错等千里江山壮阔之景,让中国的大好山河跃然于纸上,让我们通过视觉"看到"了时空交错的美好场景。

人的视觉在接受外部信息中起着关键作用,科学研究表明,视觉对外界的感知比例占人各种感知来源的80%左右。计算机视觉是指通过计算机代替人眼对目标进行识别、跟踪和测量的技术。人脸识别是计算机视觉的一种,如图1-1所示是人脸识别示意图。

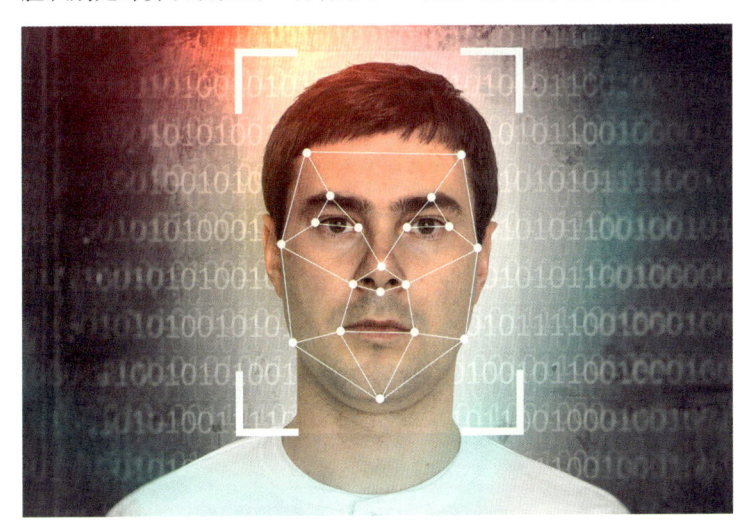

图1-1 人脸识别示意图

人脸识别分为狭义的人脸识别和广义的人脸识别。狭义的人脸识别是指对人脸的特征进行提取和分析并进行身份鉴别的计算机视觉技术。广义的人脸识别是指从人脸影像采集到影像处理的一系列技术，不仅限于身份鉴别技术，还包括影像采集、人脸检测、人脸定位、人脸特征提取、身份确认以及身份查找等技术。

身份鉴别技术有很多，比如我们比较熟知的指纹识别、声纹识别、虹膜识别等。这些身份鉴别技术各有其优缺点，但目前市面上比较流行的是人脸识别技术。人脸识别具有非接触性、准确性、便捷性三个优势。

非接触性：和指纹识别相比，人脸识别不需要接触识别仪器，不会让使用者产生不适。

准确性：人脸识别是计算机领域的热门技术，部分前沿算法的准确率非常之高，有些识别准确率高达99%左右。

便捷性：人脸识别与其他身份鉴别技术相比，不需要用户主动配合信息采集即可实现自动识别。

1.2 人脸识别发展历程

对人脸识别的研究在20世纪60年代左右就已经开始,美国学者最早发表关于自动人脸识别的论文,为后来的研究提供了重要的参考,开启了人脸识别新时代。

人脸识别发展历程主要分为三个阶段。第一阶段(20世纪60年代—20世纪80年代)为起步时期,第二阶段(20世纪90年代)为活跃发展时期,第三阶段(20世纪90年代末期—至今)为多样创新时期。(如图1-2所示)

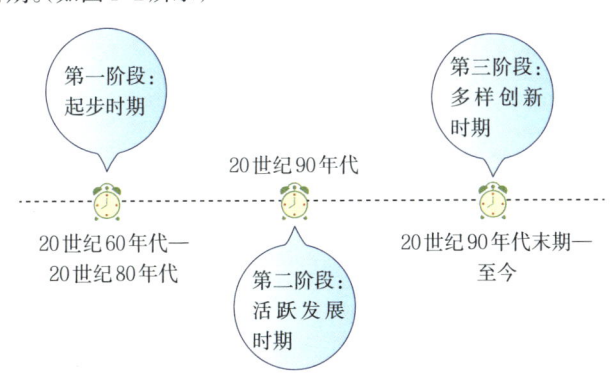

图1-2 人脸识别发展历程示意图

第一阶段:起步时期。这个时期的人脸检测主要是基于人脸的几何特征关系来实施,即眼睛、鼻子和嘴等面部特征(如特征点之间的距离、角度以及构成的面积等)构成的几何关系。当主观或者客观条件变化时,特征点的变化较大,此类识别技术就不能够准确检测出人脸。

第二阶段:活跃发展时期。在这个时期,计算机技术和计算机视觉技术都在飞速发展,出现了很多人脸识别的经典算法。美国研究者提出的"特征脸"方法,将人脸面部特征用向量表示,这种表示非常有效,且为后来的人脸识别技术奠定了基础。

第三阶段:多样创新时期。在这个时期,人脸识别热度不断提升,不少专家学者加入研究。"深度学习"概念被提出之后,深度神经网络和卷积神经网络不断映入人们眼帘,又一次掀起了人工智能研究的狂潮,并且延续至今。机器学习技术也广泛应用于人脸识别和其他身份鉴别,如大家所熟知的支付宝、门禁等人脸识别系统。

1.3 人脸图像基本知识

图像包含着非常多的重要信息,通过对这些信息的提取及研究,可以得到很多有用的内容,下面简单介绍图像相关基本知识。

一、像素

像素是图像中不可分割的基本单位或组织元素。计算机显示像素是指计算机显示的一个物理点。一般来说,计算机显示分辨率是指计算机屏幕上显示图像物理点从左到右、从上到下的数量,如常用的分辨率1920×1080,就是指计算机屏幕从左到右有1920个物理点,从上到下有1080个物理点。所以,同样大小的计算机屏幕,分辨率越高,物理点就越多,图像显示就越清晰。日常生活中,我们常听说用像素来形容一张图片的质量好或不好,就是与这张图片的像素分辨率高不高有关系。当大家不断放大一张图像,放大到一定的程度,可以看到都是由一些小方块构成,这些小方块便是像素点。(如图1-3所示)

图1-3 像素示意图

二、图像颜色表示

图像的颜色反映物体的实际情况,图像颜色信息,有助于相关特征的识别。例如在人脸检测中,可以根据肤色的灰度值来检测出人脸。图像的常用颜色表示方式有 RGB、HSV 和 YCbCr 三种颜色空间。

1. RGB 颜色空间

RGB 是我们最熟悉的一种颜色表示方式,也是日常生活中使用最多的一种。RGB 分别表示红色 R、绿色 G 和蓝色 B 三个颜色通道分量。大家都知道将绿色和红色进行混合可以得到黄色,将红色和蓝色进行混合可以得到紫色,将蓝色和绿色进行混合可以得到天蓝色。每一种颜色亮度在 [0, 255] 区间范围,基于颜色混合可以得到新颜色的原理,这三个通道颜色进行叠加,就能得到 256^3=16777216 种颜色,RGB 三原色示意图见图 1-4。

图 1-4 RGB 三原色示意图

2. HSV 颜色空间

HSV 颜色空间是为了更好处理数字化颜色而提出来的,其中 H 代表色调,S 代表饱和度,V 代表亮度。色调是用颜色的种类来辨别,如红、绿、黄等。饱和度是颜色的深浅,如深蓝色、天蓝色、浅蓝

色等。亮度是颜色的明暗程度。HSV 颜色模型可以用六角形椎体表示。(如图 1-5 所示)

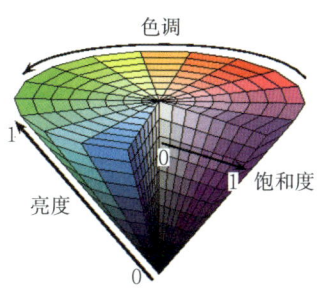

图 1-5 HSV 颜色空间示意图

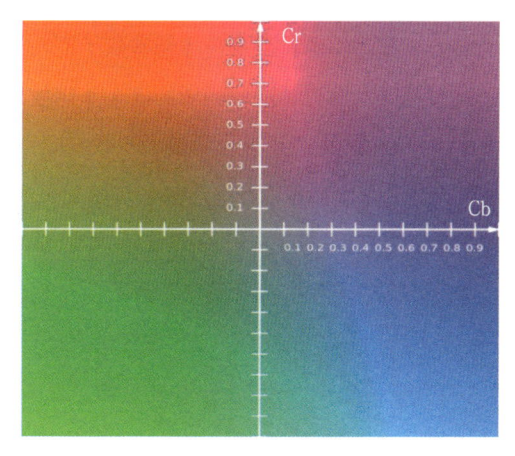

3. YCbCr 颜色空间

YCbCr 颜色空间是视频图像和数字图像中常用的颜色空间。在一些算法中，首要步骤就是将图像的颜色空间转为 YCbCr 颜色空间。其中 Y 代表亮度，Cb 和 Cr 分别代表蓝色分量和红色分量。YCbCr 颜色空间示意图见图 1-6 所示。

图 1-6 YCbCr 颜色空间示意图

1.4 人脸识别应用场景

在互联网信息时代,对个人身份的快速确认,是人脸识别最重要的应用场景之一。人脸识别作为一种智能检测手段,广泛运用于各行各业之中。从金融行业到人们的日常生活娱乐等多个领域,都需要对人的身份进行识别。下面就是人脸识别在各个领域中的应用案例。

一、门禁系统中的人脸识别

门禁系统在校园、图书馆、公司和家居等场所中广泛使用,比如,人员进入某一场所时需要验证身份才能被赋予进入权限。身份信息的验证,很大程度上保护了这些场所的安全。例如校园门禁系统,首先采集学生正脸照,将照片导入学校人脸数据库,赋予学生进出校园权限,在人脸数据库中没有信息的人员就不能进出校园。

在公司的门禁系统中,不仅可以赋予人员进出的权限,还可以记录人员进出时间作为公司考勤依据。人脸识别系统替代以往的人员进出口设置,更好地体现了信息时代智慧化出行特点,同时记载不同场所进出人员信息,为事后信息查证提供了保障,提高了场所的安全性。(如图1-7所示)

图 1-7 门禁系统人脸识别设计内容

二、金融行业中的人脸识别

金融行业的发展离不开计算机技术的支撑,银行业对身份验证的要求非常高,人脸识别作为一种身份鉴别方法,其较高的识别率和可靠性,深受银行青睐。

在日常生活和娱乐活动中,也有扫脸支付的场景,扫脸支付是人脸识别技术应用的典型场景之一。传统的支付方式是手动输入密码、刷卡等,这样的支付方式不够安全,而扫脸支付的面世,弥补了传统支付方式的不足。超市、食堂、商场和一些商户纷纷开启扫脸支付方式,提升了支付效率,减少了人力成本。扫脸支付方式如图 1-8 所示。

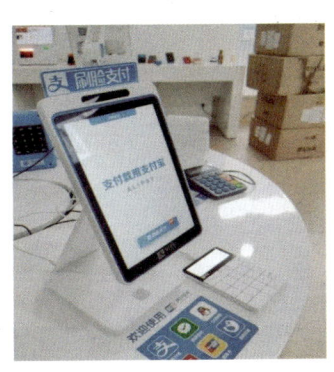

图 1-8 扫脸支付

不仅固定场所能设立人脸支付机器,个人的移动设备在购买商品时,也可以扫脸支付。这样的移动设备受到了业界的追捧,给消费者带来便捷、智能与安全的购物体验。

三、美颜软件中的人脸识别

图片分享成为人们日常生活中的一部分,为满足人们日常生活的娱乐需求,各类人脸美颜软件层出不穷,人们越来越喜欢将美化后的图片分享到社交平台。人脸美颜软件主要运用人脸识别相关算法,对图片中的像素点进行变换得到用户想要的美颜效果。同时还有一些有趣的功能,例如在人脸上增加贴纸,就是通过先检测出人脸,然后再将贴纸覆盖到人脸上。像大家所熟知的美图秀秀APP,就是一款功能强大的人脸美图软件。

以美图秀秀为例,它对人脸的主要操作有美白、瘦脸、染发、面部重塑和消除黑眼圈等。实现这些美颜步骤,首先需要准确检测出人脸,然后对像素点进行美颜操作,调节美颜参数以达到理想效果。美图秀秀的功能如图1-9所示。

图1-9 美图秀秀功能示意图

人脸识别

第二章
人脸特征与识别

2.1 人脸特征是什么

顾名思义，人脸特征就是人脸上特定部位的特征信息和整体的特征信息。不管是传统的机器识别，还是近几年大火的深度学习，都是将人类的学习能力通过计算机的计算能力加以模拟和迁移。仔细想想，当我们将注意力集中在脸部，会怎么样描述一个人。可能的描述会是：圆脸、尖鼻子、络腮胡、秃头、招风耳、大眼睛等。人天生就有很强的抽象和学习能力，当我们面对一张人脸照片时，会自动进行特征处理和变换。当再次面对这张照片时，即使脸部特征有所变形或者缺失，也不影响我们的识别。人的这种抽象、变换及补全能力却是计算机所缺少的，但我们可以模仿人眼的这种识别手段，让计算机将注意力转移到鼻子、嘴巴等重要特征上，从而拥有部分程度的智能。在计算机存储和识别信息的时候，不再是针对整个脸部，而是通过眼睛、鼻子、嘴巴等脸部部件间的比对来判断是否为同一对象。（如图2-1所示）

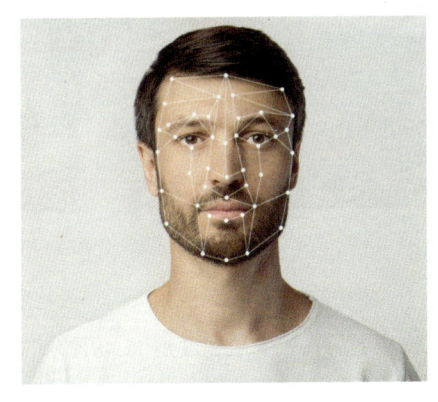

图2-1 人脸示意图

2.2 生物神经网络

一、额头特征分析

在面部形态中,额头占有面积较大,一般约为面部面积的1/3,在图像中,所占像素点较多,对影像中人物识别具有一定的影响。

前额是指发际线至眉心线之间的区域。表现在纵向的高、中、低变化,横向的宽、中、窄变化,侧面观的倾斜度,整体正面观的大、中、小形态。正面人像中根据额头的生理外形可以分为宽额、窄额、低额、高额以及中等额头等类型。(如图2-2所示)

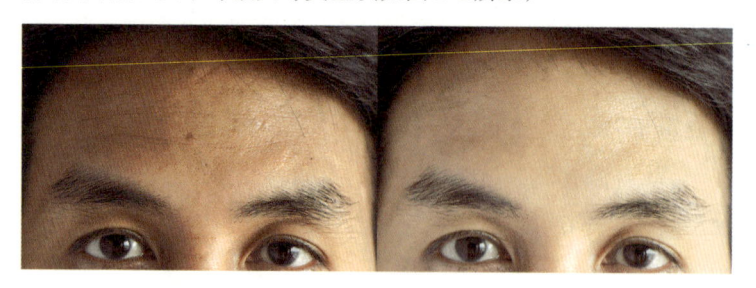

图2-2 额头示意图

测量数据表明,男性额头的一般宽度是12.05厘米、高度是5.54厘米;女性额头的一般宽度是11.48厘米、高度是5.8厘米,高度略大于男性。表2-1为男女性额头高度测量数据表及所占比例说明。

表2-1 额高分布统计数据范围(示例)

男性额高分布		女性额高分布	
额高范围/厘米	所占比例/%	额高范围/厘米	所占比例/%
$H<5.1$	30.70	$H<5.6$	29.20
$5.1 \leqslant H \leqslant 6.0$	42.60	$5.6 \leqslant H \leqslant 6.5$	55.30
$H>6.0$	26.70	$H>6.5$	15.50

当同一类型的额头，正、侧面观的形态均相近，额宽和额高的数值也相近，那么表现在图像当中，人像的额头差别很小。人像在复原的步骤中可以使用相似类别的额头加以参考甚至替代。

二、颧骨特征分析

颧骨位于眼眶的下方偏外侧，形成面部的骨质凸起。实验观察可知，按性别区分，男性的面部线条比较明显、生硬，侧面观立体性很强，颧骨通常也比较明显；女性面部线条比较柔和，侧面观立体性不如男性明显，颧骨通常不明显，颧丘相对圆润。(如图2-3所示)

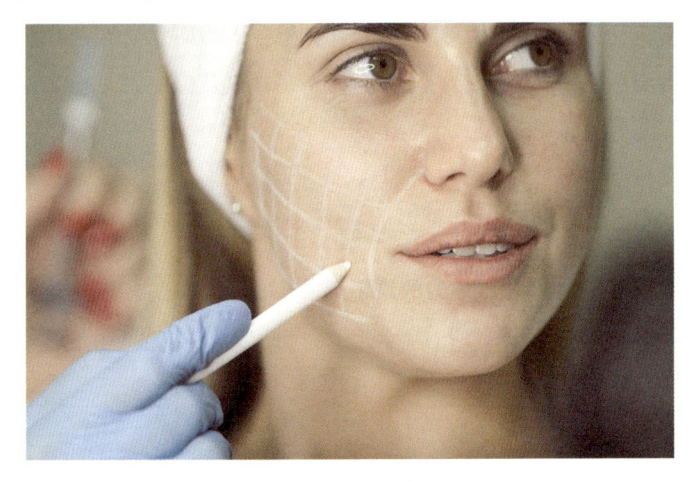

图2-3 颧骨示意图

正面观时，颧丘突出且明显，方便测量及分析。颧丘的距离有时是面部最宽的距离，甚至决定了面部的宽度。

通过对1000名男性和1000名女性图像的面部颧丘距离的测量，得出男性的颧丘距离平均值为13.02毫米，女性的颧丘距离平均值为12.54毫米，可知女性的颧丘距离略窄于男性。说明女性面部宽度一般略小于男性，在对模糊视频人像进行识别时，考虑男女性面部宽度与平均值的差距大小，进而分析人物面部大小，可得到人物体态胖瘦情况。

经统计，男性颧距较近的比例为26.7%，女性颧距较近的比例为26.4%，二者几乎相等。这一数据表明，在对模糊视频中的模糊人像进行复原时，颧距相似的比例约为1/4，相似程度很小，差异性很高，说明颧骨特征具有很好的区分识别人物的特性。

结合数据和图像得出，颧丘突出且是面部最宽的距离时，菱形脸、卵形脸较多。再结合影像中人物头部长度，即可进一步分辨是哪一种脸型。当人物较胖时，颧骨并不十分明显，颧丘在图像中表现为高光部分，面颊相对突出，表现在感官上为面颊平坦。当颧骨较为突出，且下颌角较为突出时，体态正常以及偏瘦的人通常会有较为明显的颧窝出现。

三、下颌部分特征分析

下颌是构成脸部结构的靠下部分，对脸型具有重要的决定作用。下颌部分是指下颌体、下颌骨、颏隆凸以及颏结节在内的部分。下颌角是下颌体和下颌骨相交的拐点处。（如图2-4所示）

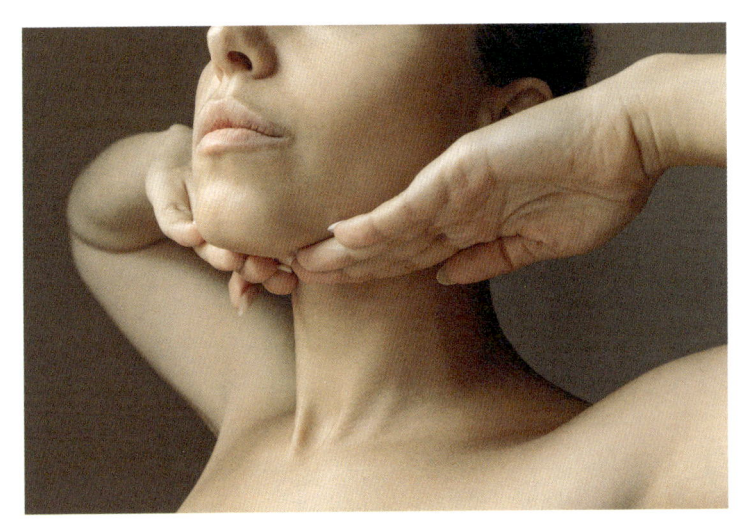

图 2-4 下颌示意图

根据下颌角的突出与否,以及下颌宽度,下颌体的长短、下颌骨的形态,将下颌分为大V形、V形、U形、半圆形、梯形、倒梯形和方形。大V形下颌颏部明显尖削,下颌角明显,下颌体较长。V形下颌的颏结节部位较尖细,下颌角较小,正面观不明显,且位置相对接近耳垂,下颌体相对较短,下颌骨相对较长。U形下颌的曲线相对较柔和,下颌体长度较长,和颧部的曲线比较协调,下颌骨底部线条较平坦,颏部不十分突出,下颌角不突出,数据上表现为正面图像的面宽和两侧下颌角的距离是一致的,这种脸型的人多为椭圆形脸型。半圆形下颌骨的底部曲线更加平滑,下颌角不明显,颏部不突出,下颌总长度约等于下颌宽度的1/2,半圆形下颌人的脸型可能是倒卵圆形或圆形居多。梯形下颌的下颌角较大,且十分突出,下颌角位置较低,与耳垂的位置关系较远,颏部相对不十分尖削,颏结节较宽,一般梯形脸较多。倒梯形下颌的下颌角突出,位置相对较高,颏部一般宽度或较宽,线条较为平直,倒梯形脸型中比较常见。方形下颌的下颌角较低,且颌底表现为直线,颏部不突出,一般多为长方形脸型。鉴于个人的面部长短区别,下颌种类的数据区分没有明确的数字范围。表2-2为每种下颌所占比例说明。

表2-2 下颌种类比例

各种下颚比例	
大V形	11.5%
V形	10.1%
U形	12.3%
半圆形	16.9%
梯形	9.2%
倒梯形	25.4%
方形	14.6%

从性别上区分,男性下颌骨较大,角度小而明显;女性下颌骨较小,角度大而不明显,较为圆润。

下颌角较为明显或突出的人脸通常面部有类似刀削的平面,表现为面颊较平,侧面观面颊线条较硬,能够看到明显的凹陷,体现在视频中即为明显的阴影;下颌角突出但人物较胖,表现为颧丘下方肌肉略平,面颊脂肪较厚。肥胖身材的人,下巴皮下脂肪比较厚,双下巴的可能性比较高,且颏隆凸被脂肪包围,体现为颏隆凸为包裹在脂肪中的圆丘,发型多考虑平头或板寸,较为简洁。(如图2-5所示)

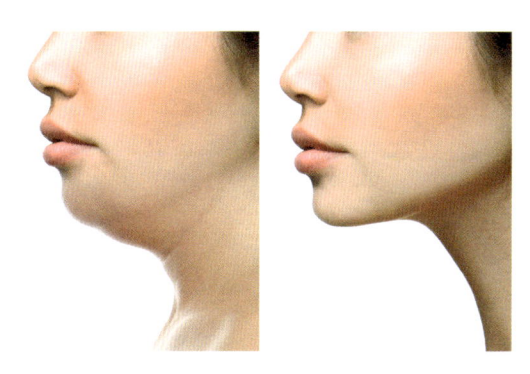

图 2-5 两种不同的下颌

颏部是下颌最下方的结构,正面观有圆形、方形和尖形;根据颏隆凸的不同,从侧面观有内倾、垂直和前凸等形态。当颏部表现为内倾时,人物下巴一般较短,特别是唇下部分;当颏部表现为前倾时,人物下巴一般较长,侧面观人脸趋近于月牙形,人脸长度也较长,人物脸型多为卵形、菱形或五角形。

在视频图像中,即使是视频图像的质量较差时,下颌底的轮廓一般也是可辨认的,结合头长,可以判断出下颌部分的长度,观察侧面下颌的图像,可以推知人物下颌是较圆润还是较尖削。

四、脸型特征分析

脸型是对人物面貌形态的最直观描述。(如图 2-6、图 2-7 所示)比较常见的脸型分类方法是按照中国古代绘画论的汉字分类方法,将脸型分为"申""甲""由""田""用""国""目""风",俗称"八格"。按照波契的脸型分类法,人脸型分为 10 种,包括椭圆形脸、圆形脸、方形脸、长方形脸、卵圆形脸、倒卵圆形脸、梯形脸、倒梯形脸、菱形脸与五角形脸。

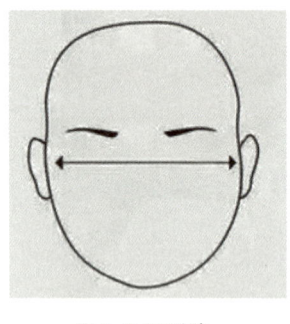

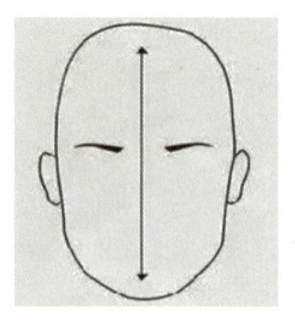

图2-6 圆形脸　　　　　　　图2-7 椭圆形脸

通过实验,分别对样本数据进行脸部长度以及脸部宽度的测量,结合颞骨、颧骨距离和下颌角距离的测量数据,综合分析得出每种脸型的样本比例。在实际应用中,脸型的相似不仅是分类的相似,往往还要结合面部的长度以及其他客观条件。表2-3为几种脸型在样本中所占的比例。

表2-3 几种脸型所占比例

几种脸型所占比例	
椭圆形 14.6%	倒卵圆形 3.1%
圆形 9.2%	梯形 5.4%
方形 5.4%	倒梯形 2.3%
长方形 39.2%	菱形 8.5%
卵圆形 7.7%	五角形 4.6%

通过表2-3可知,在人的脸型中,长方形和椭圆形脸所占比例较高,二者之和约53.8%。可见大多数人为长方形脸或椭圆形脸。

脸型对视频人物的相貌识别与推断具有重要作用。实验表明,在图像中人脸五官轮廓辨认大约需要400个像素。脸型的辨认大约需要130个像素。

观察模糊图像分析人物脸型时,如果颧部、下颌角和颈部不明显,首先考虑长方形脸或椭圆形脸;颧部突出,下颌角和颏部不明显,结合面部长度考虑是否为菱形脸或卵形脸;图像中显示脸型较小巧,下颌角不突出时,考虑为圆形脸或倒梯形脸,下颌角突出,考虑为方形脸;图像中脸长较长,下颌较为突出明显,颏部明显,颧部亦突出考虑为五角形脸,通常也会有颧窝出现,如果图像中人物较胖,考虑梯形脸和倒卵形脸。(如图2-8所示)

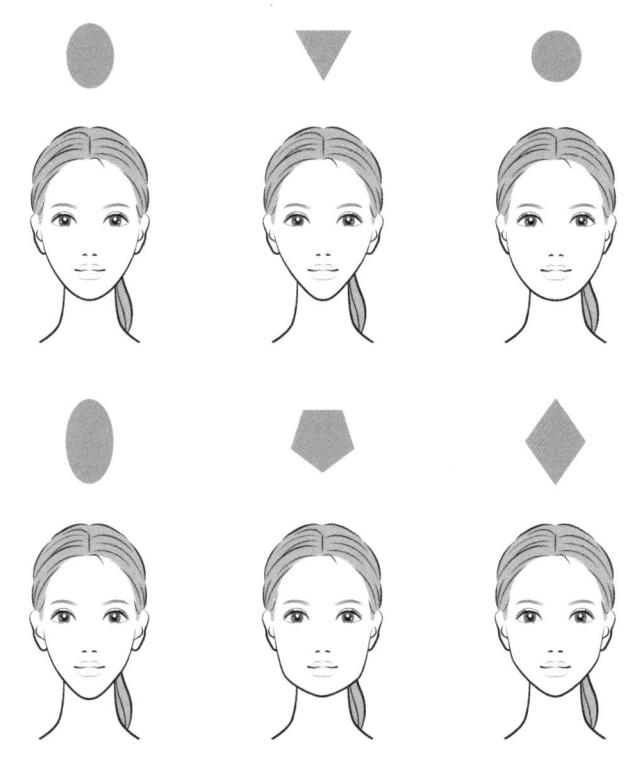

图2-8 不同脸型示意图

在视频资料中,往往最能明显体现的面部特征就是脸型,明确不同脸型的分类及特征,有利于对视频中脸部识别与辨认。不同的脸型往往影响了面部五官的分布。

2.3 人脸特征的表示

在人类的视觉世界中,人脸具有极其重要的地位,因为人脸不仅能够反映人的年龄、身份等外部因素,同时还能反映人的个性、心理等内在特征。如同指纹一样,人脸也具有唯一性,可以用来鉴别一个人的身份。这样,利用人脸作为身份验证的途径也就成为人类视觉系统的一个重要功能,成为人与人之间交往、联系最主要依据之一。

近年来,随着高速硬件和人工智能等技术的发展,以及商业和执法等方面需求的增长,利用人脸图像进行自动人脸识别和身份验证的研究与应用,得到了空前的重视,并取得了很大的进步。很多科研机构,都先后在这个领域建立了相当成熟的实验系统。

要进行人脸识别,最重要的步骤是将人脸的特征表示成可以令计算机理解的矢量,这就要求我们将人脸的特征表示出来。

人脸特征的表示大致可以分为三种:

第一种是以点来表示面部特征,也就是根据我们对人脸特征的理解定义的一些特征点,比如在主观形状模型和主动外观模型中,面部特征就是用点来定义的,我们称之为界点。这其中又分为三种界点:(1)极值点,一般这种界点在一个局部范围内只有唯一的定义,比如瞳孔、鼻尖和鼻孔等。(2)边界点,这种界点在一个局部内的边界上都可以认为是界点,但是考虑相邻界点之间的位置和距离,一般是在整个边缘上均匀抽取得到,比如人脸轮廓点、眉毛轮廓点、嘴唇轮廓点等。(3)插值点,这种界点在局部上并没有明显的纹理特征,是通过其他的界点插值推算得到的,比如嘴巴中心点、眉心点,还有那些被遮挡或不可见的点等。

第二种是用线条或者边界来定义面部特征,比如在可变形模板中就将脸的轮廓定义为一条抛物线,眼珠的边界定义成圆形等。

第三种是以区域来定义面部特征,比如在一些通过颜色或者是灰度值进行分割的方法中,通过对唇色的统计分割出具有唇色的像素区域作为嘴巴。眼睛、眉毛等也通过相应颜色和亮度同人脸其他区域的区别进行分割,然后将符合条件的像素组成的区域作为相应的目标区域。(如图2-9所示)

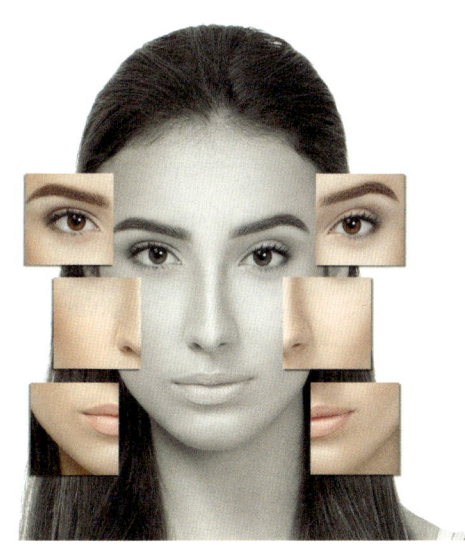

图2-9 人脸区域分割示意图

2.4 传统人脸特征提取

一、基于色彩信息的方法

色彩信息是人脸特征中的重要组成部分，基于色彩信息的人脸特征提取方法近几年成为研究热点。其主要内容是对人脸的色彩信息建模，这个过程采用基于统计学理论的方法，将待提取人脸的色彩信息与已构建好的模型相比较，根据其匹配度确定出最终人脸特征点的可能位置。由于色彩信息具有良好的分类性能，该方法被广泛应用在人脸识别中，其中一个典型的应用是利用人脸肤色信息在色彩空间的聚合性来提取人脸中的关键特征点。但通常由于人脸面部各区域的色彩特征信息相对来说差异较大，呈现很高的复杂性，例如瞳孔与眼睛其他部位、嘴唇与牙齿等的色彩存在很明显的区别，目前缺少坚实的理论基础来指导这部分特征的统一建模。（如图2-10所示）

图2-10 人脸识别样本示意图

这种方法通常分为两个步骤：第一步的任务是建立起人脸的各个肤色区域，每个区域均基于该区域肤色的色彩模型；第二步是根据面部皮肤与面部特征在色彩上呈现出的差异性来提取最符合实际的面部特征。这类方法容易因环境因素的变化而产生优劣差异，光照变化和采集设备的特点对其有很大影响，因此当这些因素变化时，其特征提取的精度也随之变化，无法保证输出结果的稳定性。然而这种方法对姿态、尺寸、表情的变化不是很敏感，而且系统运行速度较快，在对一些要求运行时间短或者仅需粗定位特征点位置的任务而言，有很强的适用性。

二、基于几何形状的方法

因为目标对象的几何形状特征信息比较容易捕捉，且不难掌握，所以几何形状特征应用特别广，比如人工智能和计算机视觉等。几何特征提取的基本步骤是：按照目标对象的形状性质构造一个具有可控因子的几何形状模型，这个可控因子表示了相应目标对象特征信息的变化部分，比如相对位置、放大缩小，偏转角度等，这些可控区域可以使用模型与目标对象的边界、极大值点、极小值点和灰度纹理发散情况加以修正。通常使用与几何形状模型相匹配的评价标准，来衡量被侦查形状范围和模型的匹配效率。这种拟合可以使用连续变更可变因子，使形状模型慢慢趋近特定范围。特征信息的提取一般在一个可变性模板区域进行，需要这个可变性模板能最大效率地满足全局的特征信息，它能够容易找出人脸五官周围的形状特征。（如图2-11所示）

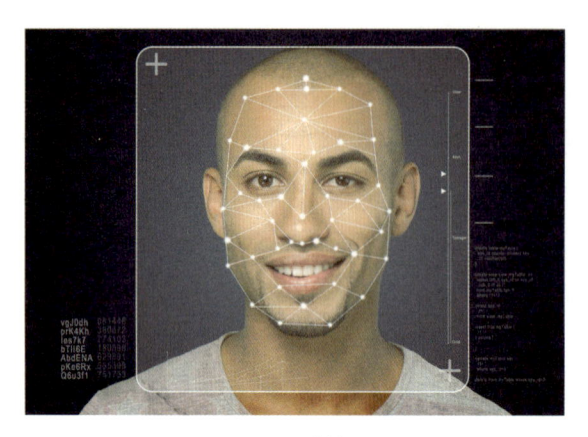

图2-11 人脸特征点

三、基于统计的方法

自然图像有着自己的缺陷,同时也容易受到外界因素的干扰,光照和形变都会对其产生影响,而这些影响将使对象的描述变得十分困难,所以参数化的统计模型方法使用得越来越广泛。这种算法的主要思路是把特征信息的一个小区域看成是一种模式,再把小区域的特征信息和其他特征部分进行训练,进而构造效果不一的分类器实现目标对象特征信息的提取,如主成分分析和支持向量机。主成分分析是一种能够把高维数据映射到低维空间的特征提取方法,可以让高维数据按照自己的需要进行低维描述的线性方法。主成分分析是为了搜索数据集合中对特征变化占有最大比重的影响因子,把初始样本数据映射到主要影响因子中,使相互关联的数据相关性降到可接受的范围,进而找到最优的正交基向量来体现重新构造后的目标对象样本,并使这个目标对象样本和初始样本之间的误差达到最小值。

主成分分析虽然优点挺多,但只单方面采用求解最优化和图像重构,一旦分类器的局限性较多,要求不能满足时,主成分分析就很难进行特征提取。为了弥补算法的不足,有必要将主成分分析与其他特征提取方法相结合,吸取其他方法的优势。支持向量机也是一种基于统计的特征提取方法,使用了二次线性规划求解最优解,为了解决复杂的二次规划问题,通常以消耗较大内存为代价,这样就会带来很多的不方便;另外,当训练集样本个数比较多时,相应的支持向量也会增多,从而造成空间上的浪费和时间上的损失。

四、基于先验规则的方法

先验规则是人脸面部一般特征点的经验描述。一般人脸图像都有自己独有的特征,主要体现在五官方面,比如鼻子较大、眼睛很小、眉毛很长、嘴巴很大等,这些都是比较明显的独特特征,且它们在灰度上会比周边色泽更深。此外,尽管人们的脸部表情千奇百怪、各不相同,然而人脸五官都是对称存在的,根据这个不变性,可以将人脸结构看成是"三庭五眼"结构(如图2-12所示)。这种结构便于人脸面部的特征提取。

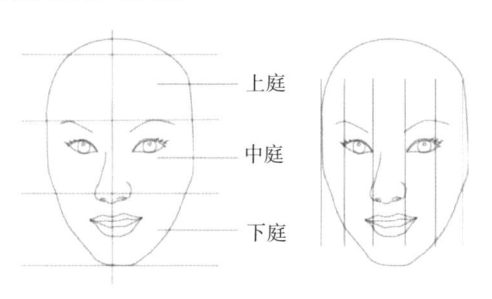

图2-12 "三庭五眼"示意图

近年来，对眼睛的检测越来越受到研究者的追捧，这其中用得最多的方法便是基于先验规则的方法。常见的先验知识主要包含以下几种：人脸灰度模型中两个眼睛的灰度值一般相差无几，且眼睛附近范围比较相像。当人脸表情变化时，两个眼睛之间的距离是永远不会改变的，两个眼睛呈现对称结构。很多研究人员先优化目标对象图像，接着在人脸模型中搜索黑色椭圆以及两个黑色椭圆的相对位置等几何特征信息，最后根据先验知识确定眼睛的位置。这种方法已经在市场上得到广泛的应用，比如相机自带的红眼修复功能、汽车驾驶舱里检测驾驶员是否疲劳驾驶的系统等。总体来说，基于先验规则的特征提取方法相对还是比较容易的，只需要一些比较简单的背景图像信息。然而这种特征提取方法对已经存储好的先验规则具有很强的依赖性，因此，使用这种方法会遇到很多阻碍，导致结果很不可靠。

五、基于关联信息的方法

前面我们介绍了几种常用的特征提取方法，这几种方法都是通过局部特征信息来摸索局部区域与其附近像素之间的相互关系，并据此来提取目标对象的特征点信息。然而，局部区域的特征信息毕竟区分有限，在自由状态下通常隐藏着许多其他信息，这样就增加了后续工作的负担。基于关联信息方法是在目标对象局部信息基础前提下，利用相对稳定的特征点压缩其他可能性特征点的范围。基于关联信息方法与前面介绍的几种常用特征提取方法具有一个共同点，就是从某一局部信息分析该目标对象的局部信息与其他区域信息之间的关系，进而提取与之对应的特征信息。然而，局部区域的特征信息毕竟区分有限，在自由状态下通常隐藏着许多其他信息,这样就增加了后续工作的负担。因此,基于关联信息特征提取方法,在分析图像区域特征信息前提下,充分利用了特征信息之间的相互关系,进而将其他可能的特征点范围缩小到理想区域。

2.5 人脸特征自动提取

近年来,人脸识别的研究成为模式识别和人工智能领域的一个研究热点。人脸识别过程受到很多因素的干扰,准确地提取人脸的合适特征是进行正确识别的关键,在人脸识别的各类方法中,对基本特征如眼睛、鼻子和嘴巴等的定位都是必不可少的步骤。

一、人脸的关键特征点

根据人类视觉特性在人脸识别中的应用,人脸特征的整个几何结构足够用于识别。常用的方法有提取眼、口、鼻、眉等几个特征,利用它们之间距离的比例关系来区别人脸(即常用的三庭五眼标准);还有利用可变形模板来精细地描述人脸几何形状。对于一幅人脸图像,通过定位特征点可以方便地抽取人脸的各部分特征,若以这些特征点为基准对抽取的各个特征值进行归一化,则这些特征值具有平移、旋转和尺度上的不变性,通过这样对人脸进行规范化处理,可以将不同大小、方向和水平旋转等情况的人脸统一起来,扩大人脸库的入库范围,提高人脸识别的速度。

人脸关键特征点的定位方法:选取人脸的多个特征点(如图2-14所示),这些特征点的分布具有角度不变性,分别为2个眼球中心点、4个眼角点、两鼻孔的中点和2个嘴角点。在此基础上可以比较容易地获得与识别有关的人脸各器官特征以及扩展的其他特征点位置，用于进一步的识别算法。

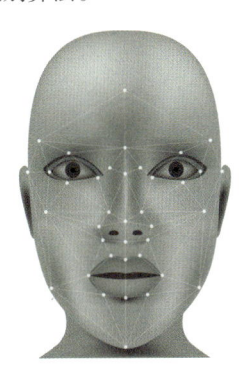

图2-14 人脸特征点

二、眼球及眼角的自动定位

在眼球及眼角的自动定位过程中，首先采用归一化模板匹配的方法初步定位人脸。在整个人脸图像中确定出脸部的大概区域。通常的人眼定位算法根据眼睛的谷点性质来定位，而此处则采用将谷点的搜索和方向投影以及眼球对称性相结合的方法，利用两眼之间的相关性可以提高眼睛定位的准确度。利用边缘和角点检测的算法在眼部区域内准确定位内外眼角点。（如图2-15所示）

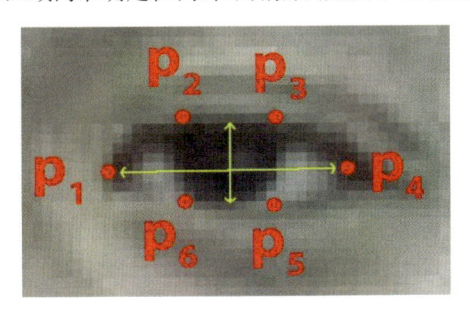

图2-15 眼部特征点

三、鼻域特征点的自动定位

将人脸鼻子区域的关键特征点确定为两个鼻孔中心连线的中点处,即鼻唇中心点。人脸鼻唇中心点的位置相对较稳定,而且对于人脸图像归一化预处理时也可起到基准点的作用,以找到的两眼球位置为基础,采用区域灰度积分投影的方法确定两个鼻孔的位置。(如图2-16所示)

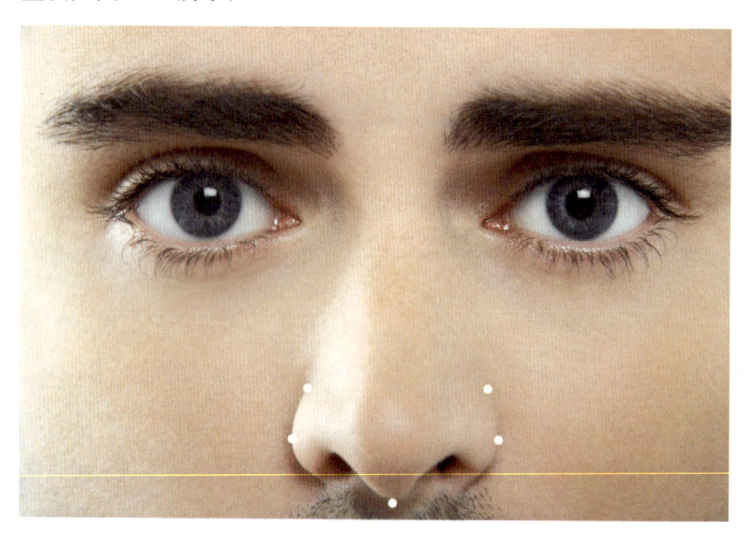

图 2-16 人脸鼻子区域示意图

四、嘴角的自动定位

由于人脸表情的不同可能会引起嘴巴形状的变化,而且嘴巴区域比较容易受到胡须等因素的干扰,因此嘴部特征点提取的准确性对于识别影响较大。而嘴角点受表情变化影响相对较小,角点的位置较准确,所以采取嘴部区域的重要特征点为两个嘴角点的定位方式。(如图2-17所示)

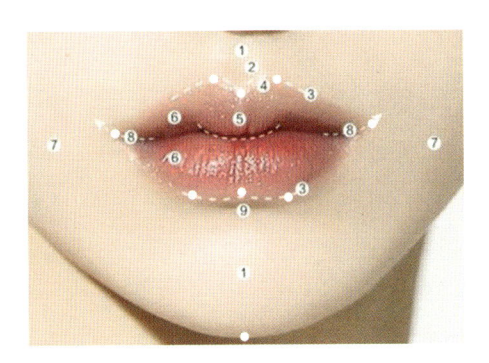

图 2-17 嘴部特征点

人脸识别

第三章 人脸检测与识别方法

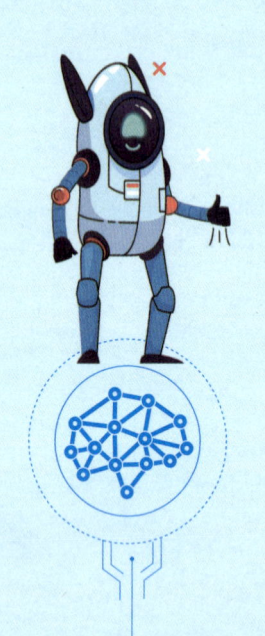

你是否想知道电脑是如何自动识别和追踪人脸的呢？人脸检测与追踪技术可以让电脑像小侦探一样，在照片或视频中找到人脸，并跟踪它们的位置。这项技术可以用于各种场景，比如在安保领域中，可以帮助监控某个区域的安全情况。

人脸识别技术更加高级，可以通过比对人脸的特征，来辨认出一个人的身份。举个例子，当你在门口刷脸进入，电脑就可以识别出你的身份，从而让你进去。有时候，你可能也会在电视里看到警察通过识别嫌疑人的脸来抓捕犯罪嫌疑人。

人脸检测与追踪、人脸识别技术在我们的生活中扮演着越来越重要的角色。那你是否想知道这些技术的背后都隐藏着什么样的奥秘呢？本章将会为你揭晓答案。通过本章，你将会看到科学家们是如何努力改进和完善我们生活中的人脸识别技术，从而让我们的生活更加便利、安全和舒适。

3.1 人脸检测

一、人脸检测概述

当前，我们已经进入一个人脸识别的时代。出门时，我们可以刷脸进出小区；上班时，我们可以刷脸签到；购物时，我们可以刷脸支付。手机可以通过人脸解锁，考勤机可以通过人脸实现打卡，你知道是什么"魔力"让机器变得如此智能吗？机器看到的人脸和我们看到的人脸究竟有什么区别？现在就让我们一起来了解实现这些功能背后的奥秘：人脸检测。

(一)人脸检测简介

在我们的日常生活中，人脸识别的应用已经非常常见，那么人脸识别技术是如何做到如此智能的呢？要想机器拥有人类对人脸的识别能力，不是想象中那般简单，其背后包含许多技术，而人脸检测技术就是人脸识别中的一个核心组成部分。

人脸检测是人脸识别的第一步，也是必不可少的一步。具体来说，人脸检测的任务就是判断给定的图像上是否存在人脸，如果存在，就给出全部人脸所处的位置和大小，它主要用于人脸识别的预处理。人脸检测也是目标检测的一个分支，可应用于许多领域，如安防监控、人机交互、生物识别、娱乐和社交等。(如图3-1所示)

图3-1 人脸检测实例

那么我们在实现人脸检测的过程中又会遇到什么困难呢？虽然人脸的结构是确定的，由眉毛、眼睛、鼻子和嘴巴等部分组成，但是由于人姿态和表情的变化，以及不同人的外观差异、光照角度和遮挡程度等影响，想要准确检测处于各种复杂环境下的人脸不是一件容易的事情。所以人脸检测技术的发展会面临以下四个挑战。

（1）人脸可能出现在图像中的任何一个位置，有着不同的大小。

（2）人脸具有可变性，不同的人之间会有外貌、年龄和肤色的差异，同一个人也可能会存在表情和姿态上的不同。

（3）人脸作为一个三维物体，通过二维图像来呈现，必然会受到光照的影响。

（4）人脸可能被部分遮挡，现实中的人脸上的眼镜、口罩等附属物，也会对检测的结果产生影响。（如图3-2所示）

图3-2 受遮挡的人脸

人脸检测技术发展至今，对于以上的部分难题已经给出了一些解决方案。在简单了解了人脸检测之后我们就开始真正走入人脸检测的世界，一探究竟。

(二)人脸检测的流程

人脸检测的技术有很多,借助这些技术,我们能够更加精准地识别人脸。虽然算法多种多样,但是它们的流程本质上都是一样的。对于给定的一张输入图像,如果需要完成人脸检测的任务,我们通常会分成三步来进行。(如图3-3所示)

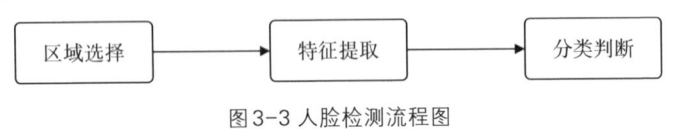

```
区域选择  →  特征提取  →  分类判断
```

图3-3 人脸检测流程图

①区域选择:选择图像上的某个矩形区域作为观察窗口,区域选择中最好用的方法是穷举法,首先将所有候选区域提取出来;

②特征提取:需要对候选的窗口进行特征提取,然后用这些特征对其包含的图像进行描述;

③分类判断:根据特征描述对特征进行分类,最后判断该窗口是否存在人脸。

人脸检测的过程就是不断执行以上三步,直到遍历完所有观察窗口,最后根据遍历结果来给出人脸所在的位置和大小。

相信看到这里,我们会不由自主地产生一些疑问,这个观察窗口应该如何来选择呢？穷举又该怎样进行呢？我们要判断图像上的某个位置是不是有一张人脸,必须观察了才知道,所以我们选择的窗口需要覆盖图像上的所有位置。而观察窗口需要在图像上从左至右、从上到下一步一步地滑动,要从图像的左上角滑动到图像的右下角,即滑动窗口,你可以将它想象成是侦探拿着放大镜在仔细观察案发现场的每一个角落的过程。(如图3-4所示)

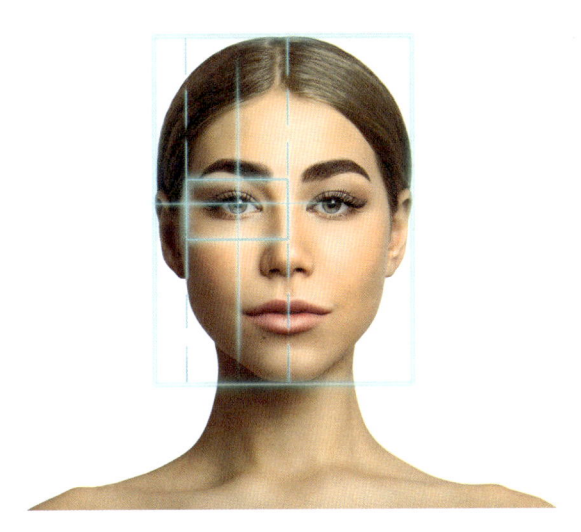

图3-4 滑动窗口示意图

这个流程也只是简单概括了人脸检测的步骤,人脸检测技术发展至今,其实现的方法多种多样,算法的优化和技术的革新推动其不断发展,而目的都是为了在尽量短的时间内精准地完成人脸识别。

二、人脸检测方法

我们要真正学习人脸检测技术,还要了解实现它的各种方法,那么人脸检测又包含哪些方法呢?这些方法又如何实现呢?综合评估的适用性又怎么样?经过众多学者的探索,这些问题的答案也逐步浮出水面,并在不同时期发展出了不同的人脸检测方法。

(一)人脸检测方法发展历史

早在20世纪70年代就已经有人开始研究人脸检测技术,然而受到当时落后的技术条件影响,直到20世纪90年代,人脸检测技术才开始加快发展的步伐。早期的人脸检测方法主要是基于模板匹配技术,即用一个人脸模板图像与被检测图像中的各个位置进行匹配,以此来确定这个位置处是否有人脸。早期的人脸检测方法主要关注于检测正面的人脸,基于简单的人脸特征对图像进行分析,再结合当时关于人脸的知识来设计。这些方法实现起来很简单,但是对于人脸检测来说是不够的,容易受到各种因素的干扰,且识别的精确度不高。

1.VJ人脸检测器及其发展

2001年,科学家们设计出VJ人脸检测器,它的出现使传统的人脸检测技术实现了突破。VJ人脸检测是非常经典的一个算法,该方法是一种基于积分图、自适应增强方法和级联分类器的方法。2006年,"深度学习"概念被提出,人脸检测即迎来高速发展阶段。机器会像人类一样拥有自主学习能力,最终实现"见微知著""一秒识人"的特异功能。这种能力可以使机器快速准确地应对各种复杂环境。

2.深度学习时期的人脸检测

在深度学习方法出现后,人脸识别技术的可用性大大提高。2012年,采用深度学习的AlexNet系统赢得当年大规模视觉识别挑战赛的冠军,准确率相比之前有了极大提升。作为目标检测的一个分支,人脸检测也开始普遍运用深度学习技术。深度学习模型以神经网络作为基础,与传统的机器学习不同,可以自动对数据进行特征提取,无需人工干预。在深度学习时期,人们开始尝试将卷积神经网络应用于人脸检测。这种技术一般有两种方式,一种是通过目标检测的算法演变而来,把多任务目标检测应用于人脸检测,如基于候选区域的卷积神经网络。另外一种则是研究专门用于人脸检测的算法,如级联卷积神经网络和多任务级联卷积神经网络等。这些方法的诞生大幅度提升了人脸检测的精度,使人脸检测在现实场景中得到了非常广泛的应用,对后期相关技术的发展起到了里程碑式的指导作用。

(二)人脸检测常用数据库

前文中我们多次提到了深度学习,那么深度学习究竟给人脸识别带来了什么优势呢?我们知道,深度学习的巨大优势就是可以自动对数据进行特征提取,并且通过大量数据训练来实现人脸识别。因此数据集的发展也推进了人脸识别技术的发展。下面我们来了解一些人脸检测常用的数据集。

1.Caltech 10000 Web Faces 数据集

这是一个灰度人脸数据集,包含7092张图像,10524张人脸,平均分辨率在304×312。除此之外它还提供双眼、鼻子和嘴巴的坐标位置,在早期被较多地使用,现在新的方法已经很少用灰度数据集做评测。

2.FDDB 数据集

FDDB 数据集是一个公开数据库,为来自全世界的研究者提供一个标准的人脸检测评测平台,这是被广泛用于人脸检测的一个数据集。FDDB的提出是用于研究无约束人脸检测。无约束的意思是指人脸表情、尺度、姿态和外观等具有较大的可变性。它的图片来源美联社和路透社的新闻报道图片,所以大部分都是名人,都是在

自然环境下拍摄的,共有2845张图片和5171张人脸。(如图3-5所示)

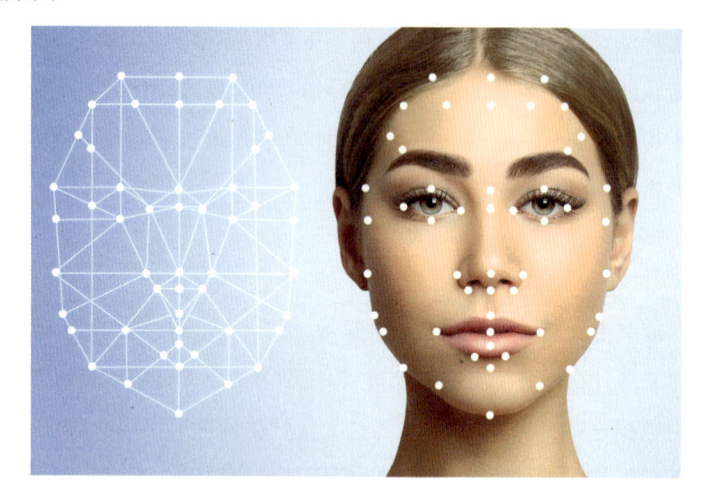

图3-5 FDDB数据集示例

3.Wider-face 数据集

Wider-face 数据集总共有32203张图片和393703张人脸,是FDDB数据集的10倍,而且在面部的尺寸、姿势、遮挡、表情、妆容、光照上都有很大的变化,因此自发布后被广泛应用于评估性能强大的卷积神经网络。(如图3-6所示)

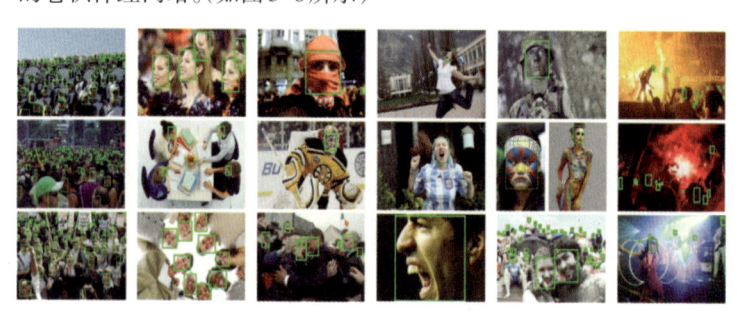

图3-6 Wider-face 数据集

(三)人脸检测方法的评价指标

人脸检测算法多种多样,那么对于不同种类的算法应该怎么评判呢?大多数时候,我们普遍认为人脸检测的精确度高就是一个好算法,然而在实际应用中算法会受到逆光、强光、识别角度和检测速度等诸多实际因素的影响。因此,脱离使用场景单独考量算法的识别准确率参考价值并不大。那么我们如何合理且有效地判断一款算法呢?一般来说,我们可以根据以下几个标准对算法进行综合评价。

1. 检测率

检测率是被正确检测到的人脸数与图像内包含的人脸数的比值。检测率越高,说明检测系统识别人脸的能力越强。公式如下:

$$检测率 = \frac{检测出的人脸数}{图像中所有人脸数}$$

2. 误报率

误报率也称误检率、假阳率、虚警率,即被误检为人脸的非人脸窗口数量与图像中被检测的所有非人脸窗口数的比值。公式如下:

$$误报率 = \frac{误报个数}{图像中所有非人脸扫描窗口数}$$

检测率无法反映系统对非人脸的排除能力,如果出现了一种情况,即所有人脸都被检测到,但是同时很多非人脸区域被误认为是人脸,那么这个算法实际上是不实用的。因此我们需要引入误报率来衡量系统对非人脸的排除能力,误报率越低,说明检测系统对非人脸的排除能力越强。

3.检测速度

在实际应用的过程中,大部分领域都需要人脸检测系统在线实时地检测人脸,如人脸识别、人脸跟踪、视频监控等。因此,在检测率和误检率达到满意的前提下,检测速度越快越好。

4.鲁棒性

"鲁棒"是英语单词的音译,翻译过来是"强壮"和"健壮"的意思。在人脸检测中,鲁棒性指在各种条件下系统的适应能力。如果存在复杂背景的干扰、人脸姿态的影响、光照条件的影响等,这时系统需要具备较强的鲁棒性。

总体来说,人脸检测算法的评价指标主要还是看检测率和误报率。一个好的算法需要在检测率和误报率之间做平衡,理想的情况是有高检测率和低误报率。

3.2 人脸检测与人脸跟踪技术

一、人脸检测与人脸跟踪

当我们识别某人时,先是锁定目标对象位置,再端详人脸五官,形成初步印象,针对某些特殊人群,我们甚至可以做到"闻声辨人"。对于人类来说如此轻松的事情,在计算机视觉领域里一直是个难题,它需要完成人脸检测、人脸跟踪和人脸识别三大任务。前面我们已经对人脸检测和人脸识别进行了一些介绍,那么本节将会介绍人脸识别系统中又一重要技术——人脸跟踪技术。

人脸跟踪通常是建立在人脸检测的基础上,在视频中跟踪人脸,首先需要检测到人脸,而人脸可能会被遮挡或者移出视频,这时就需要人脸检测来重新定位人脸,两者是密不可分的。因此,我们要实现人脸跟踪首先要保证人脸检测准确可靠,而在人脸检测中的技术难点通常也是人脸跟踪的技术难点。综上所述,人脸检测与人脸跟踪技术是一个富有挑战的研究方向,目前的所有理论与算法也是力求从各个方面逼近人的辨别能力。(如图3-7所示)

图 3-7 在人群中跟踪人脸

二、人脸跟踪技术

21世纪,人工智能与人机交互技术被广泛使用,人脸跟踪作为计算机视觉与人工智能领域中的一项核心技术,也受到了广泛的关注和应用。比如公众场所中的视频监控、身份识别、流量统计以及我们熟悉的天眼等,都是以人脸检测与人脸跟踪技术为基础的应用。那么人脸跟踪技术是如何实现的呢?目前人脸跟踪技术有哪些类型?实现它们的核心思想又是什么?未来的发展又会怎样?在以下内容中我们将会找到这些问题的答案。

(一)人脸跟踪综述

人脸跟踪是在人脸检测和精确匹配的基础上对人脸进行精确跟踪,虽然它也是人脸识别系统的一部分,但也完全可以作为单独的功能模块来研发和使用。基于人脸检测的跟踪方法可以看作是静止图像中的人脸检测在动态视频中的一个延伸。(如图 3-8 所示)

图3-8 视频流中跟踪人脸

一般来讲,人脸跟踪分为单人跟踪和多人跟踪,有以下几种情况:人脸不动,摄像机运动;摄像机不动,人脸运动;人脸和摄像机都运动。如果我们从应用的角度出发,第一种情况受到的约束较多,而第三种情况则是最常见的,具有普遍适用性。目前常见的人脸跟踪技术大致可以分为三类:基于模型匹配的跟踪、基于区域匹配的跟踪和基于特征匹配的跟踪。

(二)人脸跟踪技术

1.基于模型匹配的跟踪

基于模型匹配的跟踪算法是很好理解的,就是首先通过建立模型的方法来表示需要跟踪的目标物体,然后在视频序列中追踪这个模型实现跟踪,这种方法不仅适用于刚性物体也适用于非刚性物体。而我们人脸,是一个三维的非刚性物体,它是针对确切的几何模型不易获得的物体。所以基于模型匹配的人脸跟踪,首先要建立变形轮廓模板,利用变形轮廓模板可以发生形变的特点来匹配目标物体,然后实现精准跟踪非刚性物体。

2. 基于区域匹配的跟踪

基于区域匹配的跟踪,是把图像中目标物体连通区域的共有特征信息作为跟踪监测值的一种方法。但是在实际应用中,跟踪单一的特征不太好选择,所以大部分人脸跟踪系统会根据整个区域(如运动、纹理特性)提供的单一特征信息来实现跟踪。

基于区域匹配的跟踪具有精度高、不依赖目标模型的优点,可以实现人头部自由运动的追踪。但是由于区域特征利用的是图像的底层信息,且不能根据目标的形状对跟踪结果进行调整,因此如果长时间连续跟踪容易造成误差而发生目标丢失的情况。

3. 基于特征匹配的跟踪

基于特征匹配的跟踪是通过目标物体的一些个体特征来进行跟踪,而不考虑跟踪目标的整体特征。实现这种方法主要包括特征提取、特征匹配。

在实现特征提取的过程中需要选择适当的跟踪特征,并且在序列图像的下一帧中提取这些特征;实现特征匹配时,我们将提取的特征同上一帧图像或者用来确定物体的特征模板进行比较,根据比较结果确定是否为对应物体,从而实现跟踪过程。

(三)应用前景

人脸跟踪作为人脸识别、视频会议、基于内容检索等领域的一项关键技术,有着广泛的应用前景。在现今的科技背景下,人脸跟踪技术主要应用于以下三大主流领域。

（1）信息监控管理领域：主要应用在智能视频监控、视频检索和城市管理等方面。（如图3-9所示）

图3-9 智能视频监控

（2）生物识别领域：主要用于身份识别，具有非接触性、普及性以及高安全性等特点。

（3）人工智能领域：在机器人中加入人脸识别跟踪功能，提高智能化程度。其还可以被应用在智能导弹中，实现精准打击。（如图3-10所示）

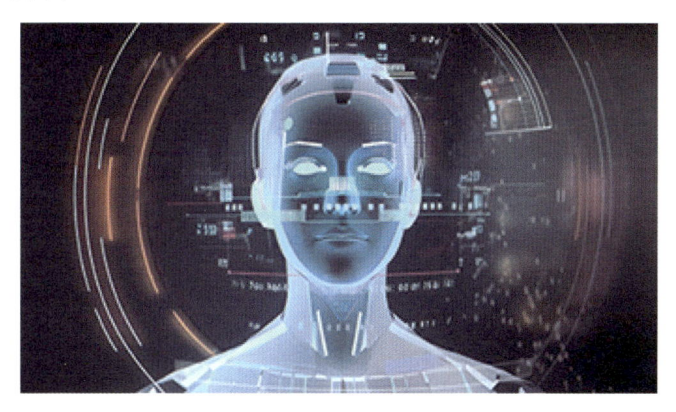

图3-10 机器人进行人脸识别

人脸跟踪技术作为一项核心技术,有着重大的研究意义和广泛的应用前景。虽然近年来人脸跟踪技术已经取得了突破性进展,但是在人脸检测和人脸跟踪的精度方面,仍有较大的提升空间。

3.3 人脸识别

人脸识别已历经了数十年的发展历程,人脸识别技术越来越成熟,各种新的识别方法不断涌现,可谓硕果累累。但是人脸识别的方法究竟有哪些呢？又是怎么实现的呢？人脸识别技术从早期到现在又有哪些分类呢？不同的人脸识别技术之间有什么联系和区别？生活中一点细微的改变背后都隐藏着诸多的问题,现在让我们一起来揭开层层迷雾吧。

一、基于几何特征的人脸识别方法

基于几何特征的人脸识别方法是一种比较直观且常用于早期人脸识别程序的传统方法,该类方法通常需要和其他辅助算法结合使用才可以获得更好的效果。

那什么是几何呢？相信大家在学习数学的过程中经常接触到这个名词,例如研究平面上的直线(如图3-11所示)和各类曲线的结构与度量性质(长度、角度等),研究立体空间(如图3-12所示)内的体积和面积问题等,所以几何是一门研究空间结构与性质的学科。

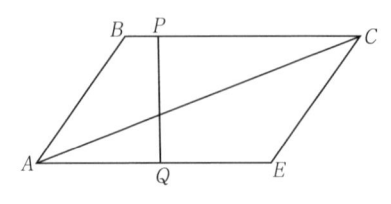

图3-11 平面几何图形　　图3-12 立体几何图形

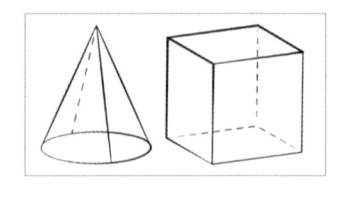

几何概念也被我们运用到人脸识别领域中,如果我们把人脸看作一个平面,那么嘴巴、眼睛、鼻子等器官就类似于几何问题里一个个多边形、三角形等的图像。由此可知,基于几何特征的人脸识别方法,主要是先将人脸图像的面部几何特征提取出来,接着再以一定的方式表示出各特征点的内在联系,最后利用该特征表示出人脸,将其与数据库内的人脸做比较,从而找出最能匹配的那一个。基于几何特征的人脸识别方法具体操作如下。

(一)首先利用函数对人脸图像的主要器官进行定位

将器官的定位问题转化为数学中求曲线的极大值、极小值问题,而在转化过程中利用的"工具"被称为积分投影函数。这类函数分别沿水平和垂直方向进行积分投影,形成两个积分投影向量,应用在人脸图像中时,可以把曲线的极值所在处反映为主要器官,如眼睛、嘴巴、鼻子的大体位置。

(二)测量各特征点之间的相对距离并得出面部特征矢量

器官定位完毕后,可得到一些面部特征点,如图3-13所示,此时利用计算机构造出表示这些点的距离特征值,例如每只眼睛的宽度、眉毛的弯曲程度、两眼内眼角的距离、鼻尖与双眼连线的垂直距离、嘴的宽度、鼻尖到左右嘴角的不同距离等,最后利用这些特征表示出一张人脸。此操作类似于找出平面几何上各点之间的距离、联系,从侧面印证了这种人脸识别方法是基于几何特征建立的。

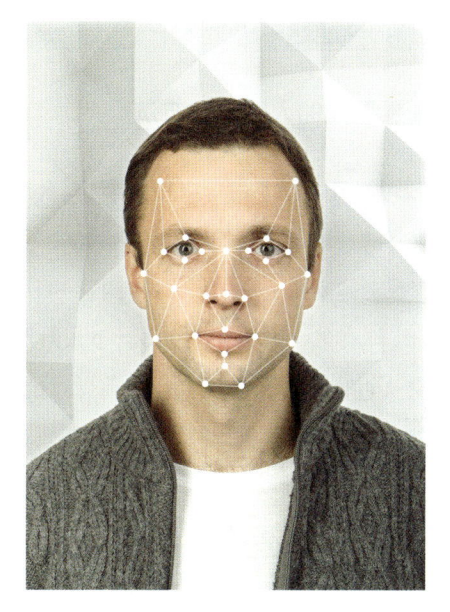

图3-13 特征点标记

(三)进行人脸识别

不同的人脸,其特征数据也不尽相同,此时研究人员往往会利用一定数量的测试数据设置识别权限,将待识别人脸图像特征向量与样本库中人脸图像的平均特征向量的相似度进行分析。

总的来说,基于几何特征的人脸识别方法有如下优点。

(1)应用原理与人脸识别的基本原理一致,让人容易理解。

(2)只需存储待识别人脸图片的一个相关特征矢量,存储空间小,不占用过多计算机资源。

同样地,这样的识别方法由于只描述了人脸器官的基本形状与结构关系，所以会忽略图像中的其他细节信息，在人脸受到遮挡、面部表情产生变化时，特征点将无法准确定位，从而导致识别率降低，近年来对该方法的研究也越来越少了。

二、基于模板匹配的人脸识别方法

模板，顾名思义，就是指人们可以用来模仿、套用的样板，常指作图或设计方案时的一种固定格式。

就像在学校被老师安排去做黑板报（如图3-14所示），如果你是第一次做黑板报，你自然会感到困惑：我该怎么给黑板报布局呢？这时老师往往会告诉你："你去看看在你之前做过的同学是怎么做的。"你仔细观察一番后，会发现每份黑板报都需要大标题、图画及文字内容，并且它们的内容板块、布局分界线也大致类似，这样的东西你可以模仿、套用，就称之为模板。而你自己创作的与其他黑板报所不同的文字内容、图画等就并非模板，因为这是可以随意改变的，而不是"固定"的。

图3-14 多姿多彩的黑板报

如果黑板报的元素及布局是我们头脑中的一种模板,那将要进行人脸识别功能的计算机需要的模板是什么呢?很简单,就是一张图片,准确地说,是一整张图像中的一小块区域。

模板匹配是一种最原始、最基本的模式识别方法,也是当今图像处理方面最基本、最常用的方法,模板匹配就是在整个图像里发现与给定子图像(模板)匹配的那一小块区域,如果计算机找到了这一块子图像位于整个图像的什么位置,便可识别对象物,这就是一个匹配过程。

应该怎么实现模板匹配呢?

如图3-15所示,如果要在一堆"斑"字中找到一个"班"字,一般是怎么做的呢?当然是把整个图从左到右、从上到下依次扫一遍,看看哪个字跟我们大脑中的"班"字匹配度最高,哪个就是正确答案。

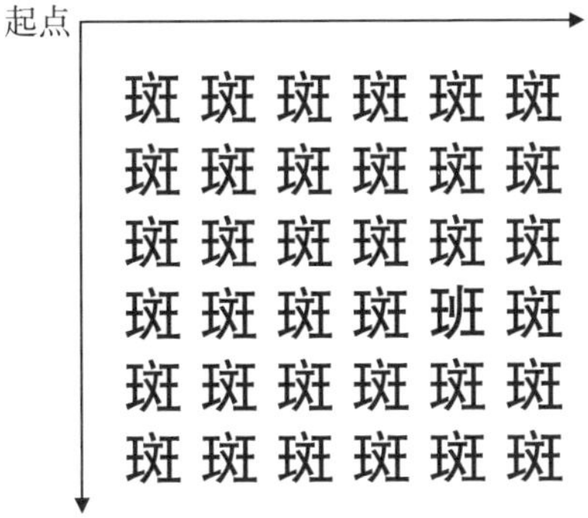

图3-15 在相似字中找"班"字

计算机在进行模板匹配时也是这么做的。计算机在待检测图像上,从左到右,从上向下一个像素一个像素地移动模板,计算模板图像与重叠子图像的匹配度,匹配程度越大,两者相同的可能性越大。

具体实现过程如下。

(1)准备两幅图像(如图3-16所示),一幅为待检测图像,在这幅图像里,我们希望找到一块和模板匹配的区域;一幅为模板图像,指即将和待检测图像比照的图像块。

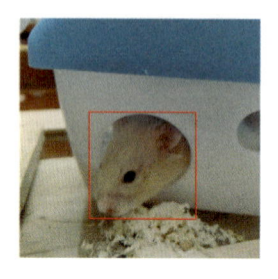

图3-16 待检测图像(左)与模板图像

(2)移动模板图像,将其与待检测图像进行比较,从而确定匹配区域。(如图3-17所示)

图3-17 移动模板图像

(3)将模板图像通过滑动遍历整个图像。就像前例中我们找"班"字那样,计算机按照从左往右、从上往下,都进行一次计算,计算出模板和待检测图像某个特定区域的相似度。至于相似度的结果是如何计算并保存到计算机的,涉及更为深奥的图像矩阵知识与数学知识,感兴趣的读者可以通过其他相关书籍进行更加深入地了解。

如何将其应用到人脸识别中呢？这种识别方法是根据不同标准的人脸模板来进行识别，看被识别对象是否与模板匹配，以此来获取人脸识别的结果。再通过模板与被识别对象的相似性进行对比，然后进行全局范围的搜索，通常来说人脸模板库包含有人脸特征不同的模板。

基于模板匹配的人脸识别方法的优点是识别成功率较高，容易实现，为一些简单的识别工作节约了时间。1992年，科学家通过实验得出结论：基于模板匹配方法的人脸识别是优于基于几何特征的人脸识别的。但我们从上文可以得知，模板匹配自身具有局限性，主要表现为它只能进行平行移动，若待检测图像中的匹配目标发生旋转或大小变化，这样的匹配方法将会失效。同样地，这样的局限性应用到人脸识别上就会表现为：被识别对象的姿势、尺度一旦发生变化，其处理难度将大大增加，由于很难处理这些姿势、尺度的变化，导致基于模板匹配的人脸识别技术应用得越来越少。

三、基于支持向量机的人脸识别方法

支持向量机是用来解决分类问题的。

在日常生活中，如果不小心将芝麻和豌豆混入了同一个碗中，那该怎样将其分离开呢？这时通常会选择一个合适的筛子，筛子的孔洞大小要比芝麻大并且比豌豆小，选定后将混合物倒入筛子中，芝麻会通过筛子被筛选出来，而豌豆还会留在筛子中，这样便实现了芝麻与豌豆的快速分类。引申到计算机领域上，可用一个数学函数表示这种情况，当被测样本的直径 d 大于某个值 D（就类似于筛子的孔洞），我们便可认为被测样本是豌豆，反之则为芝麻。因为我们只考虑了物体的一种属性（即直径）作为分类依据，所以在数学上可

以表示为一个一维问题,可用一条数轴表示,而 D 可以看作筛子的孔洞大小。(如图 3-18 所示)

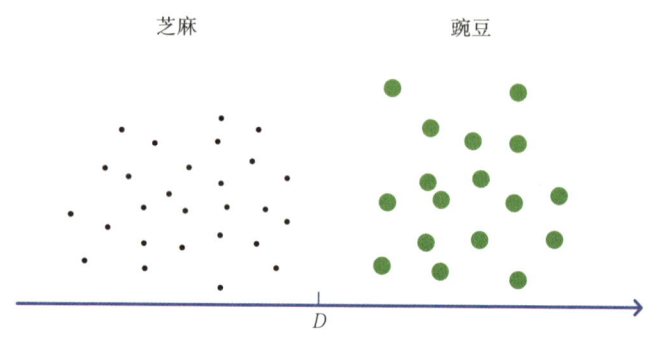

图 3-18 用一条数轴区分芝麻和豌豆

但在许多实际问题里,我们需要分类的物体并不能仅仅利用一种属性就达到分类的效果,比如一家狗场里大量混入泰迪犬和德牧犬两种犬类,而我们需要通过计算机将其分类,尽管我们知道德牧犬普遍比泰迪犬体型大,也不能只利用犬类体型这一种属性进行分类,毕竟幼年德牧犬的尺寸可能会与泰迪犬差不多,这会干扰分类结果。但因为泰迪犬的毛发往往比德牧犬更为卷曲,我们便想到再引入毛发卷曲程度这一种属性,利用体型和毛发卷曲程度这两种属性对这两种犬进行分类。假设我们的分类属性只有这两种,我们可将该问题理解为一个二维平面上的分类问题,用横轴代表狗的体型大小,竖轴代表狗的毛发卷曲程度,将所有待测的数据放到这一个平面上,我们会发现所有的数据会按两种类别分布到这个二维平面上。此时我们若找到一条合适的直线就可以将这两类犬分开来(如图 3-19 所示)。以后若再遇到这两种犬的其中一种,我们可以通过将它的体型和毛发卷曲程度代入这条直线的函数方程,与这条直线的位置作比较,便能很快得到狗的类型。

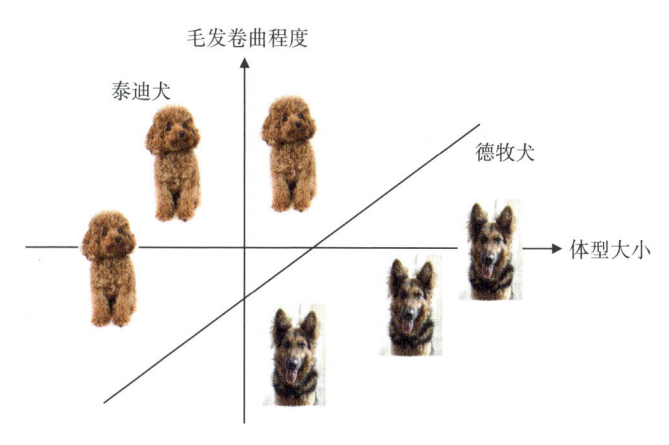

图3-19 用一条直线区分泰迪犬与德牧犬

以此类推，现实中还有很多三维、四维甚至 n 维的属性分类，这样构造出来的分界就不是数轴上的一个点或者一条直线，而是平面甚至是超平面。有时候，分类的线也不一定是直线，还可能是曲线，这就是支持向量机的总体思想。

经过上面的举例，值得注意的是，支持向量机本质上是一个二类分类器。什么是二类呢？就是支持向量机只能区分一个问题的"是"或"非"，这类问题往往只有两种答案，如：它是豌豆还是芝麻？它是德牧犬还是泰迪犬？这封电子邮件是不是垃圾邮件？这颗围棋棋子是黑还是白？所以通过支持向量机，我们只能区分一只动物"它是狗"或"它不是狗"，并不能判断一只动物"它是猫"或"它是狗"，你可能会问，那我想多次分类怎么办？此时我们只需要多次运用支持向量机，将所有样本先分为两类。A：它是狗。B：它不是狗。对于所有的B类数据我们可以再次运用另一个支持向量机分类，比如分为，B1：它是猫。B2：它不是猫。以此类推，我们可以实现多次分类直至得到答案。(如图3-20所示)

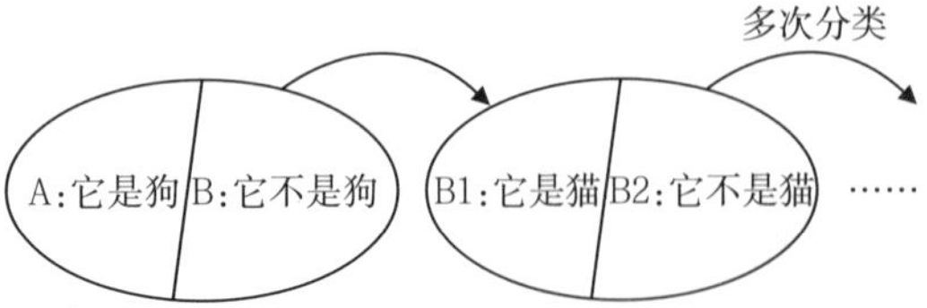

图3-20 多次分类示意图

同理,我们知道人脸是由许多像素组成的高维数据,我们可以理解为特征属性很多的一组数据,若这类数据直接使用支持向量机的分类方式进行二分类,那该方法会从一维空间升到二维空间,若在二维空间内找不到合适的分界便会升到三维空间,然后以此类推升到 n 维空间,如果不加约束,极易发生维度爆炸,理论上多维空间中总可以找到一个超平面来分类,但是实际上随着数据量急剧膨胀,处理速度则会大幅降低。

目前,支持向量机常与主成分分析法相结合实现人脸识别。主成分分析法最重要的一个作用就是实现降维。那什么是降维?顾名思义,降维就是降低数据维度。假设我们现在正在收集大量的人脸图像数据,而收集到数据集会产生多个变量、多个特征,这样一来数据量不仅巨大且冗余。此时我们可能会选择删除某些特征,但这意味着会丢失信息导致最后的结果不准确,所以我们选择另一种减少特征数量(即减少数据维数)的方法,通过提取重要信息并删除不重要的信息来创建新的特征,这样,我们的重要信息就不会丢失,还能起到数据降维的作用。这类似于我心里想到了一个歌手,让你来猜。你可以从各个特征来缩小范围,而我只告诉你是或不是。那你可能会问:"这个歌手是不是男性?是不是来自中国?是不是流行歌手?"而不同的特征可能的范围各不相同。比如性别只有两种可能性,而国别则有上百种可能性,但是可能性越多的特征包含的信息量也会越大,这意味着如果你得到了肯定回答,比如"这个歌手来自中国",那么剩下的范围将会大大缩小,起码比性别更有区分度。主成分分析的目的就是要从这些现有的特征中重建新的特征,新的特征剔除了原有特征的冗余信息,因此拥有更好的区分度。注意,主成分分析的结果是得到新的特征,而不是简单地舍弃原来的特征列表中的一些特征。

在向量机与主成分分析法相结合的人脸识别方法中,计算机通过主成分分析法提取到特征向量后,再利用分类器根据样本的特征向量进行分类处理,以判别当前人脸的身份,这样的分类器便是支持向量机。我们可以这样理解分类器的工作:首先对样本进行分析训练,提取它的特征向量进行分类,然后进行测试,将测试对象经过分类器的分类判别,便可实现测试对象与目标图像库的特征匹配,从而达到人脸识别的目的。

支持向量机的人脸识别技术既有严密的理论基础,又能较好地解决样本数量小、存在高维度等一些实际训练中出现的问题。当然该方法也存在一定的缺点,就是支持向量机在训练样本时消耗的存储空间较大。

四、基于卷积神经网络的人脸识别方法

近些年来随着人工智能技术的不断发展和卷积神经网络技术的引入,人脸识别的准确率得到跨越式提升,各类相关应用,如人脸识别考勤、考生身份验证、刷脸支付、人脸归类查询等已逐步投入使用,且效果显著。人工智能、机器学习和深度学习三者的关系如图3-21所示。要了解卷积神经网络,首先我们要搞清楚什么是机器学习和深度学习。

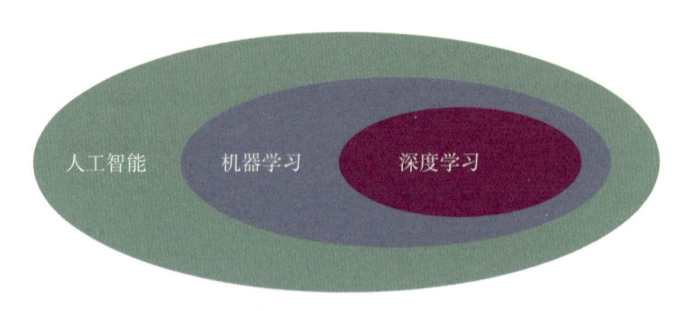

图3-21 人工智能、机器学习、深度学习的关系图

既然被科学家们命名为"机器学习",那自然与我们人类的学习过程有某种关联或者类似之处。在日常生活中,人类的眼睛就仿佛是可以移动的摄像机,每天会通过眼睛接收到大量的图形、视频等数据,然后这些数据信息会迅速地刺激大脑中的神经元,最终对肉眼所观察到的事物建立抽象的理解并形成记忆,久而久之便形成了对外界事物的正确认知。例如,小孩刚开始识字时(如图3-22所示),第一次看到"山"这个字,并不知道这是什么东西或者它代表了什么意思,受到大人的启发后,在头脑中对"山"字形成了抽象概念,当下一次在现实生活中遇到自然景观——山,便可以利用习得的"山"字表达这一景象。但也不一定所有识字过程都这么顺利,在学习的过程中也常常会遇到其他不认识的字,甚至在第一次或者第二次请教了长辈后,还是不知道这个字是什么,那最后我们是怎么记住的呢?方法很简单,我们在看了很多遍这个字的相似图像后,就可以把这个字的图像和抽象概念存入脑海中,当下次再遇到这个字的时候,就能从大脑中提取出来了。

图3-22 童年识字示意图

计算机的"机器学习"也是如此,只不过科学家们把计算机用来反复学习、观察的图片称为"训练数据集",把数据集中可以将数据区别开来的特性称为"特征",把计算机在"大脑中"总结出来的规律称为"模型",由于早期的机器学习很难适应现实世界的不同情况,"深度学习"便诞生了。那什么是深度学习呢?还是先从感知器说起,为了实现模拟人类的学习,科学家们首先设计了构成神经网络的基本结构——神经元,也就是感知器模型,由于感知器是构成神经网络的基本结构,所以神经网络就是由大量的神经元(感知器)构成复杂的、能够实现各种功能的网络。科学家们建立的感知器基本模型如图3-23所示。

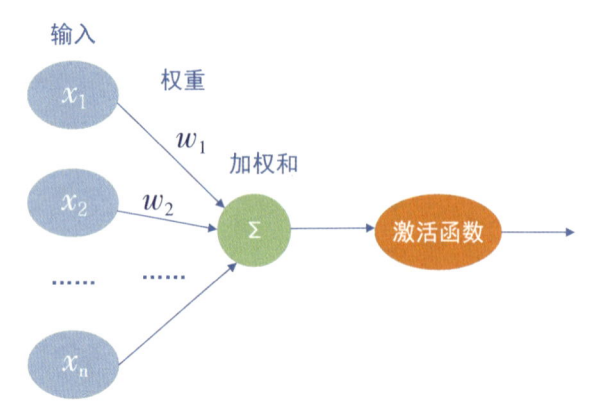

图3-23 感知器基本模型

由图可知，可以把感知器描述为一个基本的学习结构，假设需要让自己成为一个各科成绩优异的学生，每个感知器就可以类比为其中一个课程的学习，当需要学习语文时，输入的x_1、x_2就相当于课文中不同的词语，权值W就相当于对这个词语的熟悉程度，最终所有词语加权后得到了整个句子，激活函数相当于突出句子里的关键点，一次基本的学习行为就完成了。如果将多门课程的学习叠加在一起，则会不断增加我们的学习内容，这时大脑就相当于一个由多个感知器构成的神经网络，也被科学家们称为"全连接神经网络"。如果把这样一个可以无限叠加的神经网络拿到现实生活中使用，这不就是一个神奇的万能学习器吗？

因此，人们对大脑皮层的认知机制做了深入的研究，产生了深度学习概念，要获取更好的学习效果，最直接的方法当然是增加神经网络的神经元数量以提高学习能力，如图3-24所示。那么在增加相同神经元数量的前提下，更宽的浅层神经网络和更深的深度神经网络究竟哪个更好呢？

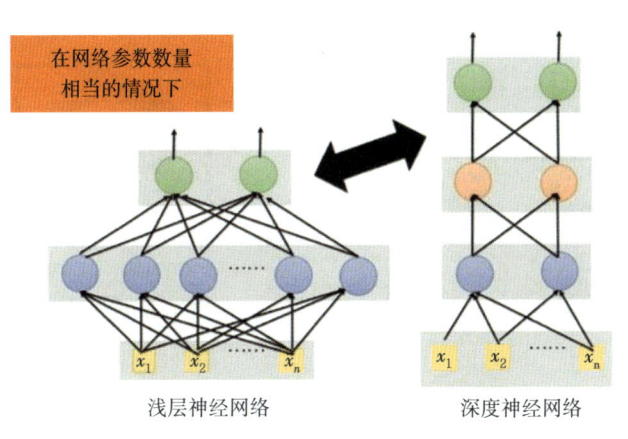

图3-24 浅层神经网络与深度神经网络

这就好像我们的学习,是一天学习24个小时效果更好还是四天每天学习6个小时更好呢?相信你肯定想起一句谚语,"一口吃不成一个大胖子",没错,持续并且有规律的学习计划会更加有效率。同理,在增加相同神经元数量的前提下,深度神经网络更好。此外,科学家们进一步发现,深度学习的过程,实际上是一个特征逐渐提取和学习的过程,如图3-25所示,图中的人脸识别过程就是基于深度学习的方法,神经网络首先学习了各种像素边缘的特征,然后学习了各类器官组件的特征(例如眼睛、耳朵、鼻子),最后将特征组合起来形成了各类人脸特征。这与人类的学习习惯是非常相似的,就好比大多数人也是从小学、中学到大学这样逐级学习,不断提高自己的知识水平,而学习的内容也是由简单到复杂。

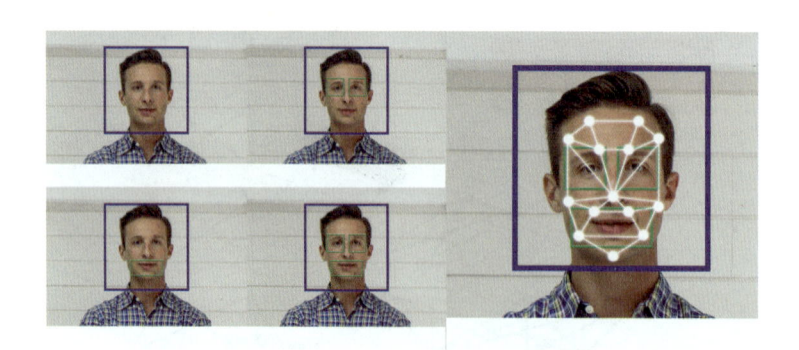

图3-25 基于深度学习的人脸识别过程

综上所述，科学家们把深度学习定义为一类模式分析方法，用神经网络模拟人脑的神经系统，学习输入数据的特征，以发现数据的分布式特征表示，通过最终学习好的模型完成分类、回归等任务。

知道了深度学习，再来了解一下什么是卷积神经网络。首先卷积神经网络属于深度学习的领域，传统的深度神经网络在处理高维数据（例如图像和视频）时，会导致最终学习的模型过大，同时各个模型之间的参数、特征存在重叠，造成了资源浪费。所以科学家们想到了利用卷积神经网络把这些高维数据的关键特征先进行提取，再处理成模型。换句话说，就相当于在考试之前，老师多次强调高频考点，帮助学生把关键的知识点圈画出来，这样复习的效率就提高了，而在计算机中，卷积神经网络中的"卷积"和"池化"等过程，就类似我们掌握关键知识点的过程。

深度卷积神经网络为人脸识别技术带来了巨大突破，无需人工设计，深度卷积神经网络就可以针对训练数据学习如何提取特征。在特定的数据集上，这类方法的识别能力已超过人类识别水平。就类似于开头说的识字，普通的父母如果要考孩子的识字水平，往往会把所有的汉字都作为考察对象，而超级父母（卷积神经网络）就不一样了，他们在考察中途，就会总结出一套规律：我们不认识的这些字有什么相同特征或者有哪些重叠部分。在总结出规律以后，他们更能了解到我们真实的识字水平，这样既节约了时间，又能达到目的。

人脸识别

第四章
非常规人脸识别

随着人工智能的发展,传统人脸识别已经应用到人们生活的方方面面,在日常生活中也起到了越来越重要的作用。从手机的解锁到移动业务办理的授权,再到机场、高铁的安检,人脸识别技术正在改变人们的生活方式。但是由于应用场景和获取数据的不同,传统人脸识别技术往往不能达到较好的效果,这就需要针对不同情况下的数据进行非常规的人脸识别。

4.1 动态人脸识别

随着人工智能和计算机视觉的快速发展,人脸识别作为重要的研究方向,在很多场景下得到了广泛的应用。其中,动态人脸识别作为一个比静态人脸识别应用更广泛的研究领域,已经引起了业界的广泛关注。所谓动态,是相对于静态而言,它是在实时检测、采集到人脸数据的同时运行数据处理分析模块,用从前端设备收集的视频和图像的数据中提取面部属性和构建视频图像,通过实时和深度挖掘技术提取特征和构建模型,以形成可由机器快速识别的分析数据。

动态人脸识别(如图4-1所示)相较于静态人脸识别,更具有实用性,当然也更具有挑战性,动态人脸识别的对象是视频序列,因此动态人脸识别的对象提供了比静态人脸识别的对象更多的信息,但是由于视频中的人脸有多角度、多姿态的变化,动态序列中的图像片段存在可能部分或者瞬间图像模糊不清的情况,所以会极大影响动态人脸识别系统的准确率,故需要用相应的技术去解决存在的问题。

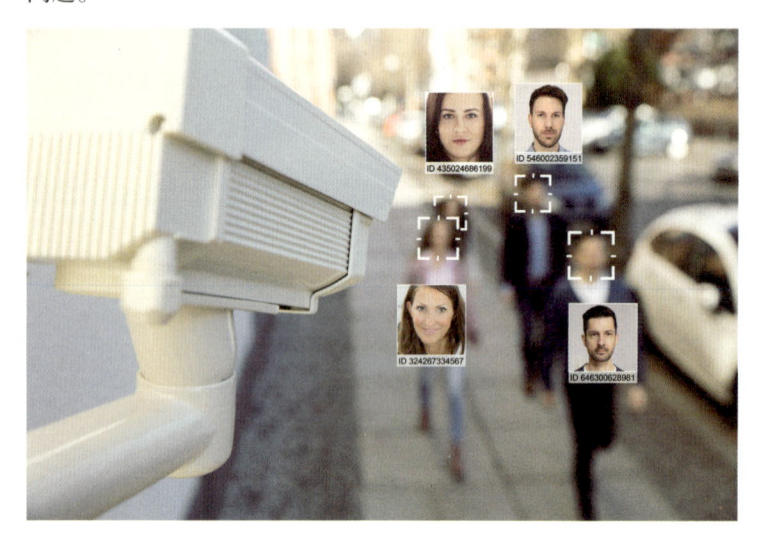

图 4-1 视频监控下的动态人脸识别系统

一、研究背景

在过去有关人脸识别的研究工作中,研究对象主要是静态人脸图像。但是静态人脸识别获取图像的过程并不方便。比如在商场中,被识别对象不愿意在被监视的情况下完成服务,静态人脸识别因图像获取的方式导致使用者减少。另外在一些移动的场合中,不可能或不方便获取静态的人脸图像,这时就需要用到动态人脸图像的识别(如图 4-2 所示)。比如在追踪罪犯的过程中,不可能使用静态人脸图像,因为获取的运动中的瞬间图像一般较为模糊。在识别算法复杂程度方面,动态人脸识别算法的复杂度比静态人脸识别算法的复杂度大,但是动态人脸识别比静态人脸识别具有更广泛的应用前景。

图4-2 视频监控下的人脸识别

如冬奥会上的防疫机器人(如图4-3所示),这在国家游泳中心"冰立方"的一个名叫"笨笨"的机器人,它负责执行"全能防疫任务"。作为移动测温和防疫监督机器人,它能按规定路线主动寻找人员,在场馆里来回巡逻,测量周边人员体温。此前,有外媒发布了一段视频,"笨笨"在工作时发现和它打招呼的外国运动员没有戴口罩,于是立刻停下"脚步",发出"请佩戴医用口罩"的语音提醒。

锁定目标,挥臂前进,前后左右,下一个目标……在"冰立方"的运动员更衣室门口,智能消毒机器人熟练地对物体进行深紫外线消毒。据介绍,在面对复杂物体时,这款机器人不仅能识别其形状,还能自主规划消毒轨迹,实现高效、精准消毒。机器人配备的准分子消毒灯,能发出特定波长的紫外线,对被照射的空气进行消毒。

笨笨"提醒戴口罩"的功能,就是基于动态人脸识别技术而实现的,这只是动态人脸识别应用场景的冰山一角,相较于静态人脸识别,动态人脸识别具有更为广泛的应用场景。

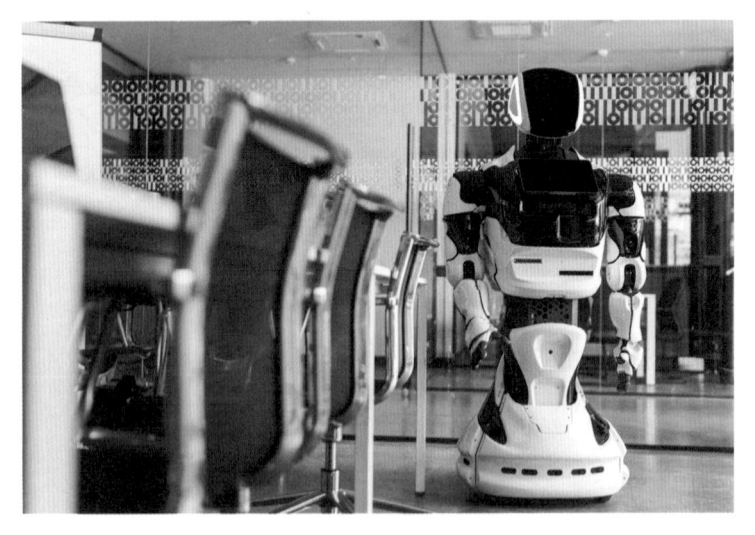

图4-3 冬奥会上的防疫机器人

二、面临的挑战

在现实生活中的非配合式动态人脸识别依旧面临着挑战,以下将列举目前动态人脸识别需要研究的核心技术。

第一是光照变化,现实中由于光线的不均匀分布,会导致人脸细节在摄影机中的拍摄深度不同,也就是阴影层次和深度不同,最终呈现的人脸识别结果也会受到影响。(如图4-4所示)

图 4-4 受光照影响的人脸图片

第二是背景环境复杂,社会场景下的人脸识别的算法要有较强的适应性。在人脸识别之前要先进行人脸区域的检测和人脸对齐的过程,需要算法在普通场景下能准确识别出肤色区域,并在肤色区域中检测出人脸区域,如果人脸区域检测产生错误,则对后续算法处理会产生影响。

第三是人脸姿态变化,由于摄像机一般都是定点拍摄,在多数场景下人员都处于运动状态,不会配合摄像机的角度进行人脸识别,所以抓拍到的人脸都是姿态各异的,必然会存在面部细节的缺失,导致人脸识别的错误。

第四是表情多样性的影响,虽然人脸不同表情的变化不会引起人脸长时间的形变,但是依旧会产生部分细节性的变化。在人脸识别的同时实现表情识别,即识别出愤怒、失望、伤心、疑问等表情(如图4-5所示),在很多场景下也有着广泛的应用价值。

图4-5 不同的表情也会对人脸识别产生影响

第五是人脸遮挡问题,在实际场景中,人脸经常会佩戴眼镜或者帽子等遮挡物。除了外在衣物的遮挡,人脸识别还会因为刘海或者胡须等面部固有特征的遮挡而产生偏差。如何在人脸有遮挡(如图4-6所示)的情况下依旧能准确进行人脸识别,也是目前研究的重点之一。

图 4-6 不同的人脸遮挡

三、应用场景

(一)动态人脸识别在侦查工作的应用

有关专家提出,在重点城市、重点关注区域和重要出入口,通过人员卡口、电子围栏、视频监控、移动卡口等前端设备建立多模式高通量的人员特征信息采集与识别系统,通过抓拍人脸,能够实现实时预警、临时布控、智能管控等功能,不仅如此,动态人脸识别系统还能够通过抓拍全身及全景图片,逐渐形成视频大数据。通过对人脸数据、人体特征及伴随图像进行检索分析,实现对犯罪嫌疑人活动轨迹的掌控,为大要案侦破中的情报研判和案件串并提供支持。(如图4-7所示)

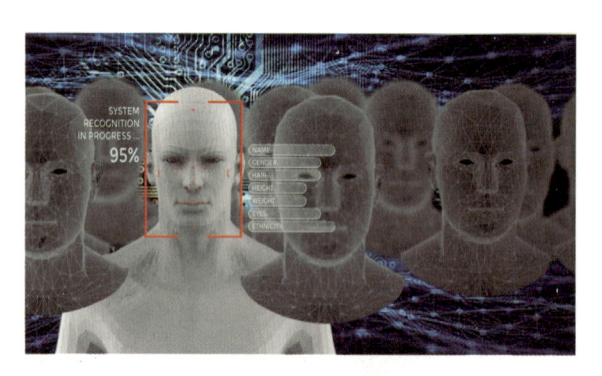

图 4-7 动态人脸识别在侦查工作的应用

(二)动态人脸识别在防疫工作的应用

疫情发生时防疫任务往往处于较为优先的地位,然而由于病毒具有人传人等高传染性,而动态人脸识别系统在这里就能发挥较大的作用,通过应用动态人脸识别系统,摄像头抓拍人脸,完成人员流动记录的自动化,减轻了工作人员的压力。在火车站、高铁站等人流密集场所,通过动态人脸识别系统对人员进行体温监测和口罩遮挡下的人脸识别(如图4-8所示),可以做到有效避免交叉感染等问题。

图 4-8 动态人脸识别在防疫工作的应用

四、前景与展望

　　动态人脸识别的应用场景十分广泛,过去对人脸识别的研究,研究对象主要是静态的人脸图像,但是在大多数场景下,静态人脸图像的获取并不方便,所以相较于静态人脸识别,动态人脸识别更具有实用性,也更具有挑战性,在当前的部分动态人脸识别的系统中,大部分把图像或视频的获取功能和人脸识别的功能分开,未来将把这两个功能结合起来,形成一个完整的系统,是重要的发展方向。还有如何解决在面对一些动态图像序列模糊化或者受到外界因素的影响导致人脸识别效率低这个问题,也是重要的研究方向。

4.2 异质人脸图像识别

异质人脸图像(如图 4-9 所示)是指以不同方式、不同来源获得的不同质量的人脸图像。现有技术可以获得可见光人脸图像、近红外人脸图像、3D 人脸图像、素描人脸图像以及低分辨率人脸图像等异质人脸图像。异质人脸图像识别是指利用计算机对异质人脸图像进行自动识别匹配的技术。

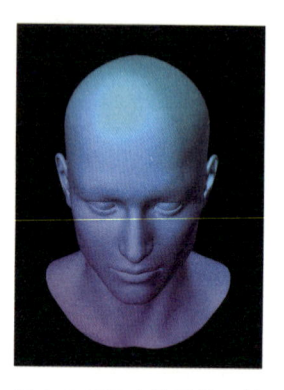

图 4-9 异质人脸图像示例

一、研究背景

随着人工智能技术的发展,传统人脸识别已经应用到生活中的方方面面。从手机解锁到移动业务办理授权,再到机场、高铁的安检,人脸识别技术正在一点一滴地改变人们的生活。然而,受限于传统人脸识别技术对光线、分辨率的需求，在很多场景下无法应用这项技术，如光线较暗或全黑的场景、图像分辨率过低的场景、无法获取人脸图像的场景等。因此，在这些特殊场景下应用异质人脸图像识别技术进行身份鉴定，具有重要的研究意义和巨大的社会价值。同时，异质人脸图像识别（如图4-10所示）技术也是人工智能发展进程中亟待解决的重要课题之一。

图4-10 异质人脸图像识别示例

二、面临的挑战

异质人脸图像识别相比传统的人脸图像识别也有着明显的难点。

（1）异质人脸图像识别是为了解决不同模态人脸图像的识别问题，不同模态间的差异很大，利用传统的人脸识别方法很难克服这些巨大的差异。

（2）异质人脸图像训练样本获取难度大，很难获得足够数量的异质人脸图像训练样本，因此，很难学习出足够鲁棒的识别模型。

（3）相同模态间也会因为生成方式的不同而存在明显的外观差异，如计算机合成的素描画像与素描艺术家手绘的素描画像之间的差异、不同素描专家及不同绘制手法的素描画像之间差异、不同设备采集的三维人脸模型之间的差异等。

三、应用场景

（一）素描画像——可见光人脸图像识别

在刑事案件调查中，通常情况下很难获取犯罪嫌疑人清晰的人脸图像，此时可根据目击者描述或者监控摄像头中模糊的人脸图像，由法医绘制犯罪嫌疑人的素描人脸图像，通过比对人脸图像，确定犯罪嫌疑人的身份。（如图4-11所示）

图4-11 人脸图片和素描画像的对比图

(二)近红外——可见光人脸图像识别

在光线较弱或者无光的环境中,传统的可见光相机很难拍摄出清晰的人脸图像,因此,可以用近红外相机拍摄近红外人脸图像(如图4-12所示)。近红外相机会发出红外光波并采集人脸反射的红外光波,利用收集到的红外光波进行成像。根据其成像机理,拍摄近红外人脸图像不需要可见光,可以在光线环境极弱甚至无光的环境中拍摄人脸图像。近红外光人脸图像识别目前多用于手机解锁、安全监控等无法时刻满足光线要求的场景中。

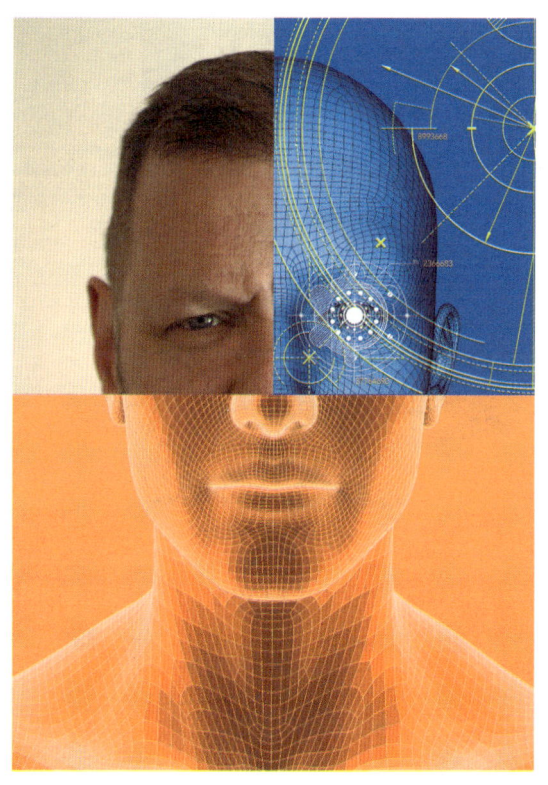

图4-12 可见光图像与近红外图像的对比图

(三)3D-2D人脸图像识别

二维可见光人脸识别会受到姿态、化妆等影响,其主要原因之一是二维图像本质上是三维物体在二维平面上的投影,而在投影过程中不可避免地造成了部分特征信息丢失。相对而言,三维人脸模型需要专门的设备(如图4-13所示)进行数据提取,三维人脸模型拥有更多的信息,更能客观真实地反映人脸的几何结构、空间形状和本质特征。因此,三维人脸识别在精度、稳定性、鲁棒性和防伪能力方面比二维人脸识别更具优势。

图4-13 三维图像扫描仪示意图

2019年,国内首个采用3D人脸识别技术的闸机(如图4-14所示)开始商业运营。乘客在地铁APP上录入人脸信息后,进站时只需将脸部对准3D人脸识别设备,便可在2秒内完成人脸识别。据介绍,3D人脸识别闸机一分钟可通过30—40名乘客,大幅提升了地铁运营效率。

图4-14 国内首个采用3D人脸识别技术的地铁闸机

(四)低分辨—高分辨人脸图像识别

日常生活中经常需要验证身份证与身份证携带者是否人证合一。受限于身份证存储芯片的容量,我国二代身份证中存储的人脸图像分辨率较低,无法满足传统的人脸识别对分辨率的要求。通过研究异质人脸图像识别中跨分辨率识别(如图4-15所示)的技术可以有效解决这一问题。

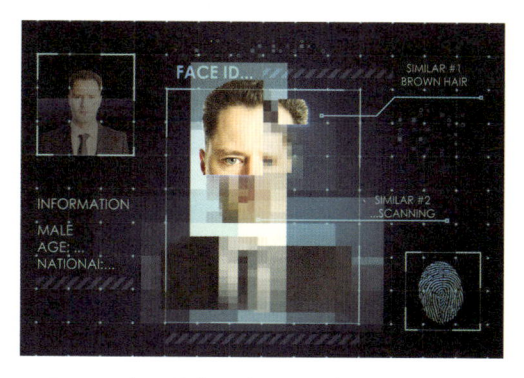

图4-15 低分辨率图像和高分辨率图像的转换

四、前景与展望

异质人脸图像识别相对于传统的人脸图像识别具有明显的优势。异质人脸图像识别的优势在于,当环境光线不足时,可以利用近红外相机或者热红外相机采集近红外图像或热红外图像,通过比对人脸图像进行身份鉴别。同时,当无法获取人脸图像或者无法获得清晰的人脸图像时,则无法使用传统的人脸图像识别技术直接确定身份信息。此时,可借助画家根据人们的描述或者不清晰图像进行推断,画出对应的素描人脸画像,通过比对素描人脸画像与可见光人脸图像之间的相似度,进而确定人脸图像对应的身份信息。在条件允许的情况下,进行三维人脸识别,可提高识别的准确率。在图片分辨率低的时候,可以运用相应技术将低分辨率图像转化为高分辨率的图像来提高人脸识别的准确率。

4.3 基于人脸与人耳的多模态识别

人耳识别(如图4-16所示)是以人耳作为识别媒介来进行身份鉴别的一种新的生物特征识别技术,近年来生物特征识别技术不断发展,并逐渐应用到各个领域,其中指纹识别、人脸识别已经取得很好的识别效果,但在一些安全领域,人耳识别研究越来越受到重视。多模态生物特征识别是指同时利用多种生物特征或者相同生物特征以恰当的融合技术进行个体身份的识别与验证。人耳独特的生理位置既可单独用于个体身份鉴定,也可与人脸关联构成多模态识别。

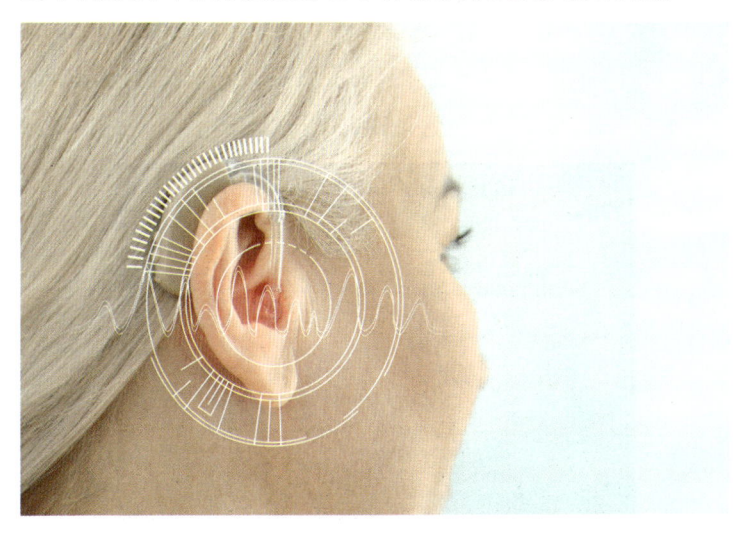

图4-16 人耳识别

一、研究背景

人耳识别是一种调查犯罪嫌疑人身份的有价值的手段。100多年前，法国刑事学家首次提出使用人耳进行身份识别的可能性。20世纪初，科学家利用四种不同的特征区分出500只不同的人耳。20世纪中叶，美国警员首次指导了大规模人耳识别的研究，收集了10000幅人耳图像，使用12种特征清楚地分辨出不同人的身份。科学家也在双胞胎和三胞胎人群中做了相关实验，发现这种情况下的人耳也是不同的。尽管他们的工作缺乏复杂的理论基础，但是人们普遍相信人耳形状具有唯一性。对人耳识别的研究显示，此种方法的识别率不会受到年龄的影响，故进行人耳为主的生物特征识别是具有可行性的。

在现实生活中，如果使用单一的生物特征识别（如人耳识别），系统通常会受到噪声的影响、自由度的限制、生物特征的非普遍性以及无法接受的误差干扰等，为了提高表现能力，多模态生物特征识别系统力图缓解甚至消除这些弊端。另外，多模态生物特征识别系统（如图4-17所示）因为需要随时提供多种生物特征而使得冒名顶替十分困难，其安全性也更有保障。

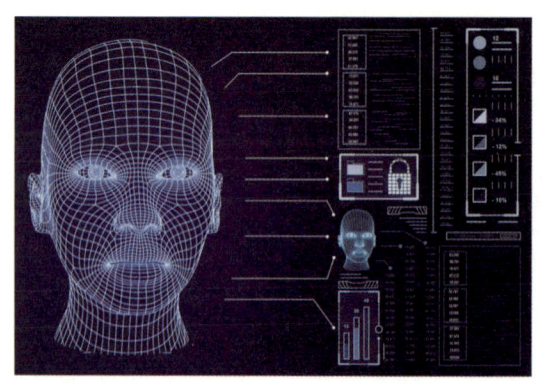

图4-17 基于人脸与人耳的多模态识别

二、面临的挑战

尽管人耳识别具有很多独特的优势,但是也有很多需要进一步探究的难题。

第一是人耳自动定位问题。在很多文献中都使用了已经手动分割好的人耳图像,实时系统中如何进行鲁棒的自动人耳检测仍是一个没有解决的问题,而快速可靠的自动人耳检测在自动人耳识别系统中的作用非常重要。

第二是遮挡以及姿态变化。同人脸相比,人耳能够部分或者全部被头发或者装饰物、耳机、珠宝、麦克风等遮挡,在姿态发生变化时也会发生遮挡情况。

第三是人耳数据库规模问题。目前能够获得的数据库包含的人耳图像少于10000幅,在实际环境中,数据库的规模将是非常巨大的,这使得穷举搜索方法识别身份并不现实。因此除了准确性,识别系统的速度也是未来研究的热点。

第四是对称性和年龄的识别。人耳识别是生物特征的新领域之一,由于缺乏充足的数据,遗传和年龄对外耳的影响目前仍然没有准确的答案。此外,对于左耳和右耳的对称性仍然没有明确的结论,还需要进行大规模的人耳对称性研究。因此,将来另一个研究的热点也许会是遗传和对称对于生物特征模板的判别性的影响。

三、应用场景

(一)基于人脸和人耳的多模态识别

在现实生活中,使用单一的生物特征识别系统通常会受到噪声的影响、自由度的限制、生物特征的非普遍性以及无法接受的误差干扰等。为了提高表现能力,多模态生物特征识别系统力图缓解甚至消除这些弊端。

(二)三维人耳识别

二维人耳识别(如图4-18所示)方法受姿态变化的影响较大,识别率有时甚至会降到30%以下。针对二维人耳的研究已经取得了比较好的识别效果,但二维人耳识别方法受姿态和光照变化的影响较大,识别率有时也会降到30%以下,这限制了二维人耳识别技术的进一步发展。考虑到人耳是三维物体,从三维人耳数据中能够更好地提取人耳的沟回等结构信息,这些信息受人耳姿态、遮挡和光照等因素的影响较小。与二维人耳识别方法相比,基于三维信息的人耳识别方法具有更高的准确性。近年来,随着三维信息采集设备以及三维模型重建技术的发展,越来越多的研究者开始关注三维人耳识别,试图利用三维数据提供的更多的鉴别信息来构造更为鲁棒的人耳识别方法。

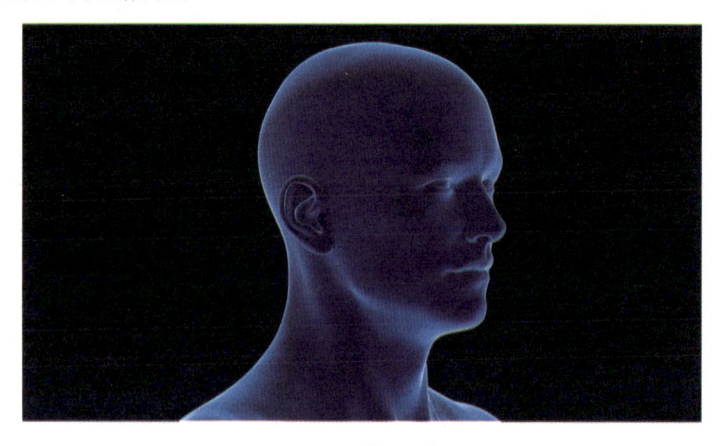

图4-18 二维人耳提取

四、前景与展望

人耳识别在生物特征识别中具有较多的优势,主要在于:一是人耳识别不会遇到像其他接触式生物识别技术问题的困扰,而且外耳颜色分布均衡,尺寸小计算量少,同时容易被捕捉到;二是研究表明人耳结构稳定,不会随着人的年龄的增长出现明显的变化;三是人耳独特的生理位置既可单独用于个体身份鉴定,也可与人脸关联构成多模态识别,提高整体的识别效果。故人耳识别有望成为一种成熟的生物识别技术。

人耳能够很好地和人脸组合进行多模态识别,多模态生物特征识别系统比单模态具有更多的优势,身份认证中存在的非普遍性、欺诈行为、无效性和不准确性等问题在多模态生物特征识别系统中都可以被有效解决,虽然多模态生物特征识别系统也存在成本高等不利因素,但是随着硬件技术的发展以及系统在公共领域,如网络银行、电子商务、法学研究等方面使用价值的不断提高,其必将成为未来身份认证的主流技术。

4.4 步态识别

步态是人在行走过程中产生的一系列变化的形体姿态特征。该类特征区别于指纹、人脸与虹膜等传统生物特征。它可以通过使用图像传感器在非受控的环境下对行人进行远距离采集获得。理论研究表明，不同人的步态特征具有唯一性。因此，可以将其用于身份识别。步态识别(如图4-19所示)可以在不被观察者察觉的情况下，以任何角度进行非接触式的感知和度量，是目前比较前沿的人体特征的识别技术。

图4-19 步态识别

一、研究背景

现代社会中，个体的不良行为如偷盗、网上犯罪或贩毒等，对他人和公共社会安全造成了消极的影响,为减少甚至避免这些消极影响,对个人身份验证要求也越来越强烈,有些场合几乎达到了苛刻的程度。传统的辨识、认证识别身份方法,如身份证、IC卡、密码、钥匙等,可能存在丢失、遗落、泄密、易受攻击等缺陷,如密码(基于记忆信息)作为最常用的传统身份辨识手段,可能遗忘或因偷窥等而被盗用。因此人们迫切需要一种简单、高效、唯一的新身份识别方法,即基于人体生物特征的识别技术。其中,基于步态的身份识别,与基于人脸、指纹、虹膜等其他生物特征的身份识别技术比较,具有更大的优势,如远距离性、非侵犯性、易于采集性、难于隐藏和伪装性等。又因为其在众多领域中具有广泛的应用价值,近年来吸引了大量学者研究。步态识别系统(如图4-20所示)能够应用于智能监控的预警系统,预防各类恐怖袭击、自杀性爆炸等严重危害公共安全的恶性事件。防范与处理各种潜在的安全威胁,增强公共场所的自我保护能力,为我们的生活增添一道安全屏障。

图4-20 步态识别系统示意图

二、面临的挑战

步态作为生物特征,也有着自身的缺点,如以下一些因素可能影响或改变它的特征。

第一是刺激物的影响。药品或酒精等刺激物可能会影响人的走路姿势。

第二是身体的变化。当人因意外事故导致腿部受影响,或体重严重增长、下降都将影响个体的运动特性。

第三是个人的情绪也会影响他人的步态特征。

第四是服饰。当个体改变服饰时,如穿平底鞋和穿高跟鞋等,采用自动特征提取方法提取出的步态特征可能存在较大差异。

第五是地形变化。同一个人在不同的地形上行走,他的行走姿势会有差别。另外,一些外部因素也会影响到步态的自动特征提取过程,如光照条件、特征点的遮挡等。

三、应用场景

(一)安防监控

在平安城市、智慧城市的建设浪潮中,监控摄像头已经成为城市治理和群众生活中不可缺少的重要组成部分。对监控视频的有效记录、传输、存储以及分析具有十分重要的意义。面向序列化信号的人体步态识别,在部分场景下能有效识别监控视频中的人体身份信息,具有远距离识别的作用。而人体感知、动作识别与检测则能够进一步对人体行为进行分析,以实现异常事件监测。这些技术将大大提升安防监控产品的智能性,有效减少人力成本。(如图4-21所示)

图4-21 步态识别在安防监控的应用

(二)刑侦检测

大多数情况下,犯罪视频往往看不到相关人员的脸,或者清晰度不高,办案警察很难从中获取有效信息,而应用步态识别技术之后,上述问题将得到部分解决,可以降低办案难度,节约办案时间和成本。

(三)人机交互

人机交互主要是研究人与机器(主要指计算机)之间的交互手段(如图4-22所示),使得机器能感知人体意图,从而执行相应的命令,其发展趋势是所感即所得的高度智能化。最早的人机交互手段是通过打孔纸带输入指令方式进行交互,到目前通过鼠标键盘的方式进行交互。面向序列化信号的人体动作建模与识别的研究,不仅可以通过人体三维姿态数据识别人体运动,还能直接利用脑电数据分析和感知人体运动意图,为虚拟现实场景、增强现实场景,以及康复医疗等领域的人机交互手段,提供了新的思路。

图4-22 人机交互示意图

四、前景与展望

步态识别技术(如图4-23所示)属于新兴技术,技术水平在快速进步,且其在远距离识别方面优势明显,未来随着辨识精度不断提高,其在视频监控领域可以配合人脸识别技术,为安防领域提供更为优秀的监控质量,发展前景极为广阔。

综合来看,步态识别技术发展前途光明,未来在公安系统、医疗系统、智慧城市等领域的普及率将不断提升,其应用将会广泛渗透到日常生产生活中的各个领域。

图4-23 步态识别技术

人脸识别

第五章 人脸表情识别

人脸表情是人与人之间传递情感的重要途径,不同的表情表达了不同的情绪。倘若计算机能够理解人脸表情,通过人脸感受人的情绪,那么人机交互会变得更方便、更智能。

5.1 人脸表情识别概述

一、人脸表情识别的应用场景

人脸面部表情识别技术主要应用在人机交互、智能系统、远程通信、智慧医疗等领域。比如日常生活中最常见的视频通话,其中的自动美颜、跟随特效等,都涉及人脸表情识别。

二、人脸表情识别系统的实现

对于人脸表情识别的研究大多是基于图像中提取表情特征,然后根据表情特征按照设计的表情分类算法进行分类。整个过程大概分为三个步骤:人脸获取以及预处理、表情特征提取、人脸表情的分类。经典的人脸表情识别系统如图5-1所示。

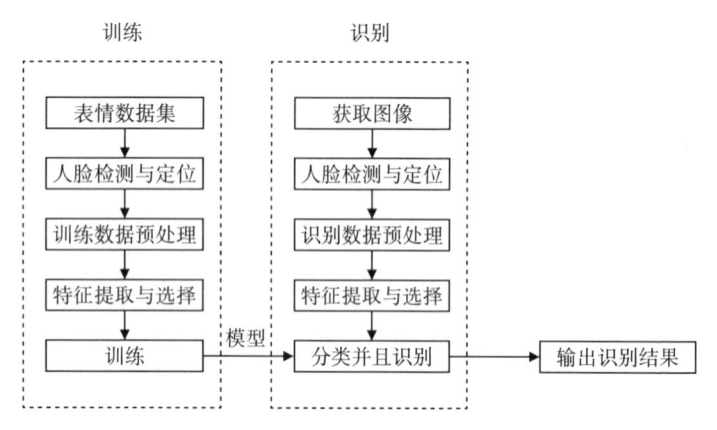

```
    训练                  识别
┌─────────────┐    ┌─────────────┐
│  表情数据集  │    │   获取图像   │
├─────────────┤    ├─────────────┤
│ 人脸检测与定位│    │ 人脸检测与定位│
├─────────────┤    ├─────────────┤
│ 训练数据预处理│    │ 识别数据预处理│
├─────────────┤    ├─────────────┤
│ 特征提取与选择│    │ 特征提取与选择│
├─────────────┤ 模型├─────────────┤   ┌─────────────┐
│    训练     │───→│  分类并且识别 │──→│  输出识别结果 │
└─────────────┘    └─────────────┘   └─────────────┘
```

图 5-1 经典的人脸表情识别系统

(一)人脸获取以及预处理

对于一个人脸表情识别系统,首先要获取一个输入的人脸信息,一般是图像或者人脸序列。然后运用人脸检测算法对人脸图像进行定位,而且可以按照需要对眼睛、嘴巴等关键部位进行检测。但是由于光照、背景等环境因素会对检测造成干扰,需加入预处理环节,对采集的图像进行归一化、均衡化、灰度化等处理,尽可能减少外部因素对检测结果造成的影响。

(二)表情特征提取

人脸表情识别系统中最重要的部分就是特征提取,其作用是在人脸图像或者图像序列中提取能表达人脸表情特征的关键信息,去除多余信息。在表情特征提取后往往还要进行降维,避免因维度过高导致计算速度过慢。研究表明,优秀的表情特征提取工作可以提高系统的工作效率以及识别准确率。

对提取到的人脸表情特征进行分类,利用模式识别方法,即利用计算的方法将特征样本划分到一定的类别中,首先对特征样本进行训练,然后对待检测样本进行识别,如图5-2所示将表情特征划分为一些基本表情加一种中性表情。

图5-2 人脸的基本表情

5.2 人脸表情的分类

一、人脸表情分类概述

我们的大脑在看到人脸时会很容易识别出来是什么表情。其过程是眼睛先感知图像并传送给大脑，大脑在识别表情后再给出相应的指令。(如图5-3所示)

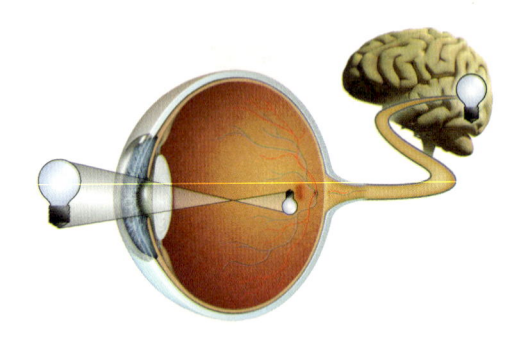

图5-3 人脑感知识别图像示意图

人脸表情识别在识别之前需要检测到人的面部，然后通过分析人的面部特点来判断此时对象所表达的情绪，在此之前需要一个判断依据，这个依据就是分类器。分类器的选择可以决定一个人脸表情识别系统能否达到一个预期的识别效率与准确率。分类识别过程如图5-4所示。

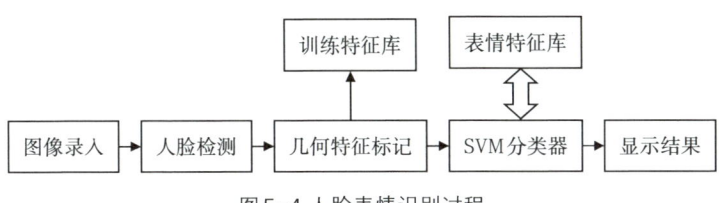

图5-4 人脸表情识别过程

二、分类器原理

假如我们在一个平面内,将圆形和菱形根据不同特征将它们区分(如图5-5所示),我们只需要一条直线就可以将它们区分开,如用直角坐标系表示这个平面,那么只需要找到一个线性函数就可以将其区分开。

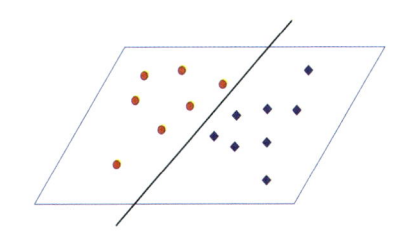

图5-5 线性分类的二维平面

那如果情况是如图5-6这样的呢,就很难用一个线性的关系将其进行划分。

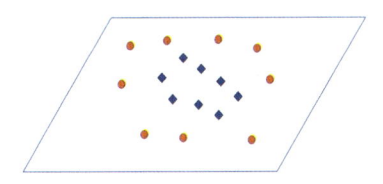

图5-6 复杂情况下的二维平面

但是这个时候,我们可以利用某种函数关系给它升一个维度,将二维平面转换为三维空间,此时线性划分就是一个平面划分。(如

图 5-7 所示）

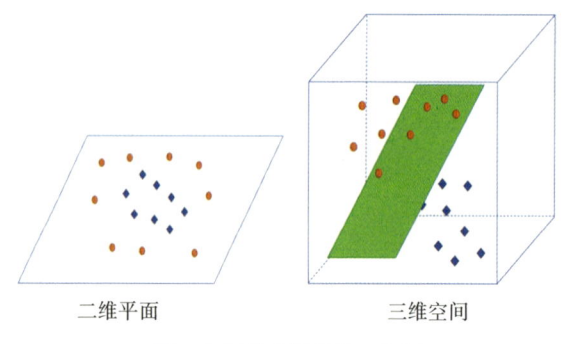

图 5-7 三维空间分类示意图

三、支持向量机

支持向量机是一种二分类模型，它的主要思想是将样本空间通过一个超平面分成两个类别，并且在该超平面上找到使得间隔最大的支持向量，进而达到分类的目的。

在支持向量机中，最优的超平面是由支持向量组成的，支持向量是指与最优超平面距离最近的样本点，这些样本点决定了最优超平面的位置和方向。支持向量机的优化目标是在所有可能的超平面中找到最大间隔超平面，即最大化支持向量到分类超平面的距离。

支持向量机是一种非常强大的分类器，能够很好地解决线性和非线性分类问题，并且具有较好的泛化性能。支持向量机还可以将低维空间中的非线性问题转化为高维空间中的线性问题，进一步扩展了应用范围。支持向量机已经被广泛应用于数据挖掘、模式识别、图像处理、生物信息学等领域。

用一句话概括就是，在一个 n 维空间中，一个最优化的分割超平面不但能将两类样本正确分类,而且可使间隔最大化。

一个常见的支持向量机案例是手写数字识别问题。给定一张手写数字的图片,我们需要将其识别为数字0到9中的某一个。

假设我们有一个包含数千张手写数字图片的数据集,每张图片都被标记为数字0到9中的某一个。我们可以将这些图片转化为特征向量,比如使用像素值作为特征。然后,我们可以使用支持向量机来构建一个分类器,将这些特征向量分成10类,每一类对应一个数字。

训练支持向量机分类器时,我们可以使用交叉验证等技术来选择合适的函数和参数。在测试阶段,我们可以将新的手写数字图片转化为特征向量,并将其输入到支持向量机分类器中进行分类。

这个手写数字识别问题是一个经典的机器学习问题,在过去的几十年中一直是支持向量机应用的热门领域之一。许多研究人员使用支持向量机来构建高性能的手写数字识别系统,并且取得了很好的效果。

(一)样本点与分类超平面

如图5-8所示,在二维空间上,分别用圆点和菱形点表示两种不同的样本,在进行分类时,我们需要用一个界限,如图5-8中的直线,将空间划分为两个部分,两个样本被完全隔离。

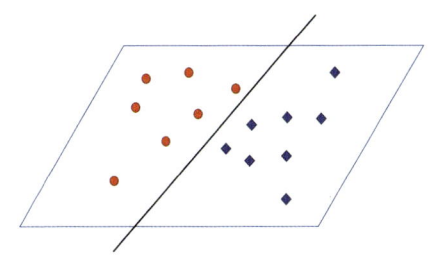

图5-8 样本分布划分

如图5-7所示,支持向量机使用分类面将样本进行分类,实质上分类面就是决策边界,称为超平面。距离超平面最近的点,即为支持向量。而这个分类超平面正是支持向量机分类器,通过这个分类超平面将样本数据一分为二。

支持向量机最早是为解决二分类问题提出的,所谓二分类问题,是一种常见的机器学习问题,它涉及将数据点分为两个类别之一。例如,可以将垃圾邮件识别问题视为二分类问题,其中每封电子邮件可以被视为"垃圾邮件"或"非垃圾邮件"两类之一。

支持向量机中的分类间隔是由超平面到最近的数据点的距离决定的,这些最近的数据点被称为支持向量。分类间隔的计算方式取决于支持向量机的类型。对于线性支持向量机,分类间隔的宽度等于超平面到两个类别最近的支持向量之间的距离。这个距离可以用超平面的法向量和支持向量之间的内积来计算。

如平面 H 将样本划分为两类,H_1、H_2 平行于 H,并且穿过最近样本点,H_1、H_2 之间的距离为分类间隔。要确定最优超平面,需要引入约束条件。同时在决定最佳超平面时只有支持向量起作用,而其他数据点并不起作用。(如图5-9所示)

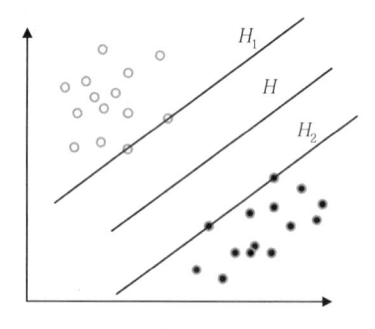

图5-9 分类间隔示意图

(二)线性可分

在二维平间上,两类点被一条直线完全分开叫作线性可分。也可以说一个数据集是线性可分的,即可以找到一个分界,将数据集按类别分开。同时,对于不同维度,支持向量机的形式特点也不同,具体表现如表5-1所示。

表5-1 不同维度下的支持向量机形式

维度	支持向量机形式
二维平间	一条直线
三维空间	一个平面
多维空间	超平面

(三)非线性可分

支持向量机在非线性、小样本和高纬度的分类问题上具有很好的分类效果。但是在绝大多数情况下,实际问题的样本分布往往并不规律,并不满足线性可分情况,这种问题需要变换样本空间,对于非线性分类,要将分类信息先映射到高维空间,再进行线性分类处理。(如图5-10所示)

这种思想实现的时候会遇到困难,一是由于样本空间的多样性导致映射函数难以确定,二是大量的内积运算导致大量冗余。但是支持向量机的核函数可以代替内积运算,降低运算复杂度。

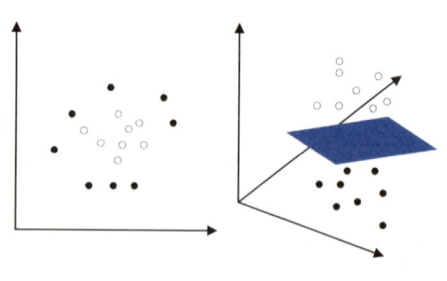

图5-10 样本空间变换

简单地说,核函数是计算两个向量在隐式映射后空间中内积的函数。核函数通过先对特征向量做内积,然后用相应的函数进行变换,这有利于避开直接在高维空间中计算,大大简化了问题求解,并且这等价于先对向量做核映射然后再做内积。

5.3 人脸表情特征提取与人脸识别

一、概述

由前面几节我们知道人脸表情识别还有一个重要的环节,就是人脸表情特征提取。特征提取是表情识别研究的重要环节,正确选择对表情具有高辨识度的特征,能够有效提高表情识别率。所提取的特征既要能够有效地表征人脸表情,又要有利于分类,因此应该尽可能避免个体之间的差异,提取那些与个体无关的表情特征。

二、加博尔变换

我们都知道纹理作为图像的内在属性,能够反映出像素空间的内部情况。加博尔变换属于加窗傅立叶变换,加博尔函数可以在频域不同尺度、不同方向上提取相关的特征。另外加博尔函数与人眼的生物作用相仿,所以经常用于纹理识别,并取得了较好的效果。

(一)二维加博尔滤波器

加博尔滤波器是一种基于加博尔函数的滤波器,常用于图像处理、计算机视觉和模式识别等领域。它可以提取图像中的纹理信息,因此在图像分割、纹理分类、人脸识别等方面有广泛的应用。在二维图像中,加博尔滤波器可以看作是一组多尺度和多方向的滤波器,每个滤波器的响应代表了该方向和尺度上的纹理特征。

(二)加博尔特征提取

对于人脸表情而言,不同的表情行为特征具有不同的尺度。比如愤怒和惊讶的表情使得面部器官移动范围较大,需要对其在大尺度上进行分析。而微笑的表情造成的面部器官移动较小,要在小尺度进行分析。在人脸表情识别领域一般应用多尺度方法,加博尔变换是有效的多尺度分析工具。加博尔滤波器能够克服光影干扰、姿态角度等因素的影响。

上文提到,加博尔特征是一种可以用来描述图像纹理信息的特征,而且其能很好地模拟人眼的作用。(如图5-11所示)

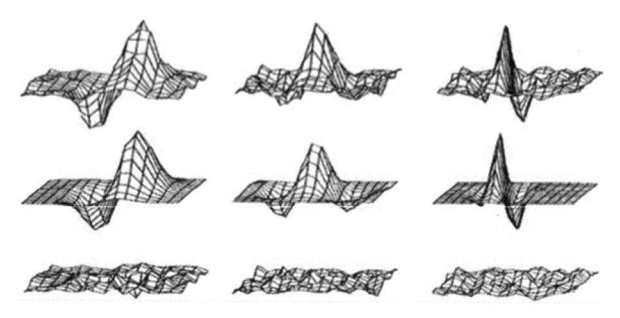

图5-11 动物视觉皮层感受响应与加博尔小波的比较

图中第一行是脊椎动物的视觉响应,第二行是加博尔滤波器的响应,第三行是二者的差值。可以看到,二者相差极小。

为了获得多尺度的加博尔特征,可以采用5尺度、8方向的加博尔滤波器组,同时在提取图像加博尔特征前,要进行图像预处理转化为灰度图像。(如图5-12所示)通过上述的加博尔小波变换之后,图像中的每个像素会得到40个幅值特征。将这40个加博尔幅值特征级联起来可以得到相应的人脸表情图像的多尺度和多方向特征表。

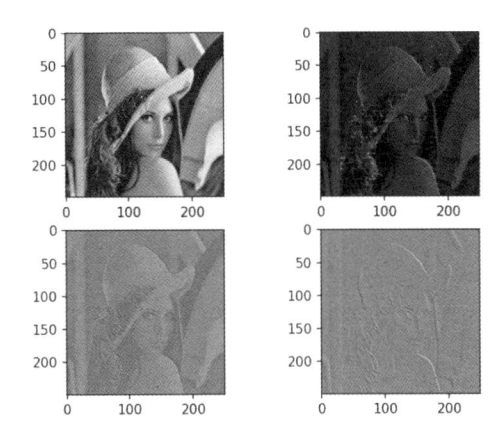

图 5-12 人脸图像加博尔变换及特征提取

三、人脸的局部二进制模式特征分析

局部二进制模式是一种纹理描述算子，它的工作原理是，让图像中的每个像素都与相邻的像素进行数值比较，大于为1，小于为0，结果保存为二进制数。局部二进制模式算法具有分辨率高、计算简单等优点，而且它最重要的特点是对于灰度变化的健壮性和强壮性。局部二进制模式算法还有一个很重要的优点就是计算迅速，这对于实时图形处理来说显得尤为重要。

(一)基本理论

局部二进制模式特征是图像处理中应用很广泛的一种图像特征。它的特点是当待处理的图像在明暗亮度发生改变时，提取到的特征并不会有太多的不同。

局部二进制模式进行图像处理的过程是将原始图像转化为局部二进制图像,然后计算局部二进制模式图像的局部二进制模式直方图,并用直方图以向量的形式表示原始图像。

局部二进制模式的处理过程是,先确定9个像素点,以中心像素的灰度值为参考,让其周围的8个像素的灰度值与中心像素的灰度值进行对比。如果周围像素的灰度值大于中心像素的灰度值,则此像素标识为1,反之则为0。这样每个处理过程都会得到一个二进制数,如图5-13所示的二进制数00001110。

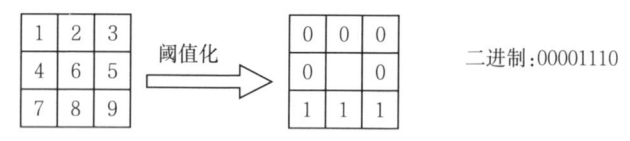

图5-13 局部二进制模式处理图例

这种处理过程可以很好地捕获图像中的细节特征。可以用这种方法达到纹理分类中很高等级的水平。在一个确定的邻域中,尺度的变化与编码之间是没有任何联系的。对此,需要拓展一种方法,通过使用半径可以变化的圆来对相邻的像素进行编码,以便于检测到如图5-14所示的区域。

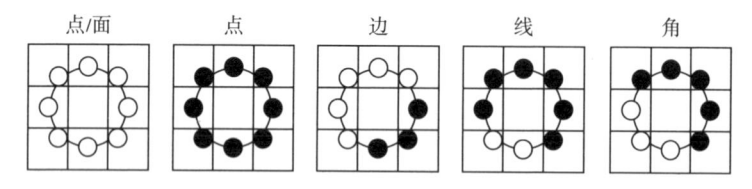

图5-14 不同区域特征示例

其中,r代表圆的半径,P代表采样点的数量。

这种处理的过程可以看作是对最初的局部二进制模式运算的升级与拓展,所以有时也被称为拓展局部二进制模式或者圆形局部二进制模式。

(二)圆形局部二进制模式算子

对于局部二进制模式运算符来说,它的主要缺点是不能满足对不同尺度或者不同频率纹理的需求,因为它只能处理固定的半径内的一小部分区域。满足灰度变化和满足不同尺度纹理需求。

后来对局部二进制模式算子进行了升级改进,邻域范围由原来的3×3变为任意的邻域范围。并且淘汰了原来的正方形的邻域,用圆形的邻域替代它(如图5-15所示)。改善后的局部二进制模式算子可以在半径为 R 的圆形邻域中有任意的像素,从而可以在半径为 r 的圆形区域中确定有 P 个采样点的算子。

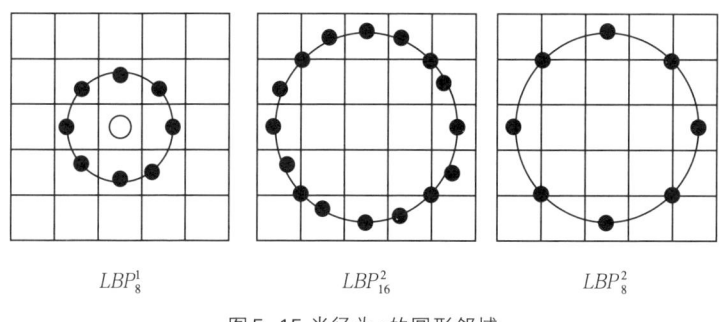

LBP_8^1　　　　　LBP_{16}^2　　　　　LBP_8^2

图5-15 半径为 r 的圆形邻域

(三)旋转不变模式局部二进制模式

旋转不变模式局部二进制模式能够在图片发生一定的角度变化时也能得到相同的结果。

如图5-16所示,可以看到,中心点的邻域不再是上下八个点,而变成了一个以中心点为圆心的圆。如果获取到了圆的半径和点的个数,就可以轻而易举地计算出每个点的坐标。对于局部二进制模式算子,它的灰度是不变的。但如果将图像进行旋转,旋转后得到的新图像所对应的局部二进制模式值是不同的。所以,在此基础

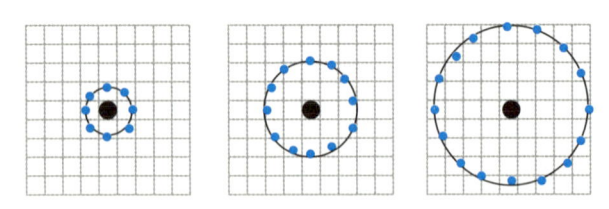

图 5-16 不同半径的邻域

上,有人对局部二进制模式算法进行了改进,一种旋转不变局部二进制模式算子被提了出来。这种算子获取局部二进制模式值的方法是,先将一个圆形区域进行连续旋转,会得到一系列的局部二进制模式值,然后邻域的局部二进制模式值取最小值。如图 5-18 所示,图中所示的局部二进制模式有八种,经过旋转不变的处理后,最终对应的具有旋转不变性的局部二进制模式值为 15。所以说,可以得到结论,如图 5-17 所示的局部二进制模式模型对应的旋转不变的局部二进制模式值都是相同的。

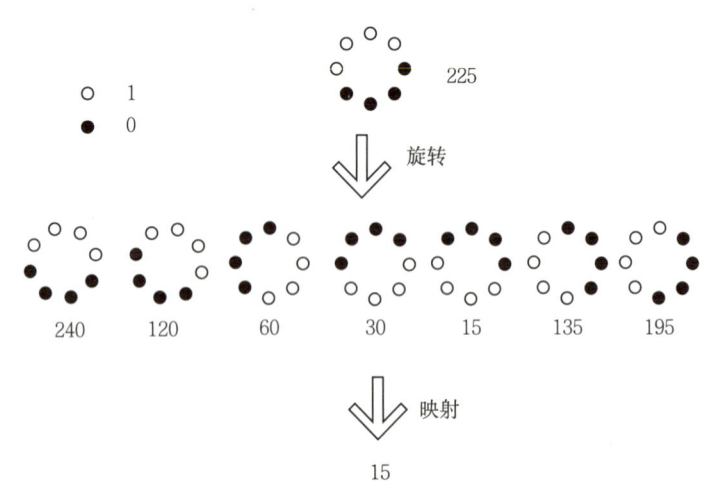

图 5-17 旋转不变的局部二进制模式算法示意图

通过局部二进制模式特征提取的人脸图像如图5-18所示。

图5-18 人脸的局部二进制模式特征图

四、基于Haar特征的人脸检测

在提取特征方面Haar特征提取是很优秀的算法，它是首个有效的人脸检测算法，也是当前运行最快的人脸检测算法之一。而且当它与别的算法或别的工具组合使用时，也有不错的结果。

当窗口在图像中移动遍历完整个图像之后，窗口会在长度上或者宽度上进行成比例放大，然后再重复之前的移动遍历图像，直到放大比例到最大后结束移动遍历。

简而言之，Haar提取一个特征的过程便是用一个窗口不断地在图像中移动遍历。当移动到某一个位置的时候，会发现有一块区域被覆盖了，Haar矩阵的特征是具有黑白两种颜色，利用此前位置区域中所有的被白色块覆盖住的像素值总和减去黑色块在该位置所覆盖住的像素值之和，得到的这个数值也就是Haar矩阵特征的一个维度值。(如图5-19所示)

图5-19 四种矩阵特征

(一)拓展 Haar 特征

随着 Haar 的发展,最开始的四种 Haar 矩阵特征已经满足不了现代的需求了。有人在原来的基础上进行了拓展与升级。矩阵特征由原来的 4 种增加到了 14 种,并且大体分为了三类:边缘特征、线性特征、中心环绕特征。增加后的特征可以使特征提取更准确,能够提取到更为丰富的边缘信息。(如图 5-20 所示)

①边缘特征

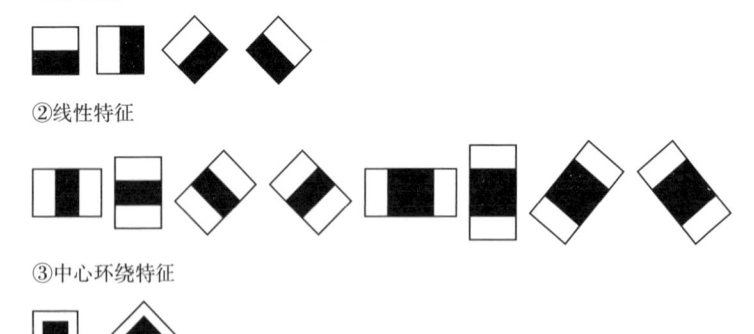

②线性特征

③中心环绕特征

图 5-20 Haar 的 14 种矩阵特征

(二)Haar 特征与人脸检测

提取 Haar 特征的过程就是每一种矩阵特征窗口在移动遍历图像的时候,黑白色块所覆盖的像素值之间的差。并把差异值作为 Haar-like 的特征值。

在提取 Haar 特征的时候,我们利用不同尺寸不同模式的 Haar 特征窗口对图像进行特征提取,这就提取出了大量的特征值,同时这些特征值基本上没有相关性,所以我们要确认对分类最有效的特征。拿人脸识别举例来说,额头的区域总是比眼睛区域亮很多,鼻梁总是比两边的眼睛部分亮很多。因为这些特点的存在，当我们用如图5-21所示的两种模式提取Haar特征，就能得到最大的Haar特征值。

图5-21 人脸特征提取

经过分类训练的每个Haar特征会获得一个阈值，只有图片提取的该Haar特征值大于阈值，才会被判定为人脸。

5.4 人脸表情识别与应用

根据前几节的介绍可以得知,人脸表情识别分为人脸图像获取、人脸表情特征提取、人脸表情分类。那么在实际应用中应该如何实现人脸表情识别的功能呢。下面我们按照实际的操作步骤介绍。

一、人脸表情识别

(一)数据集

从结果准确性的角度考虑,应采用标准的人脸表情数据集,如FER 数据集。(如图 5-22 所示)

图 5-22 FER 数据集部分内容

该数据集图片由48×48像素的面部灰度图像组成,人脸在整体图像中基本处于居中的位置。

按面部表情将这些图像分为七个类别(0=愤怒,1=厌恶,2=恐惧,3=快乐,4=悲伤,5=惊奇,6=中性)。

训练集中的图片用来训练模型,测试集的图片用来对模型进行测试和评价。

训练集包含28709张图片,测试集包含3589张图片。

(二)人脸表情的分类

首先找到图像中的脸,然后对这张照片进行分类。在第一步操作中用Haar特征检测。在后面步骤中,应该自己训练一个模型,此模型的输入是从图像中提取到的人脸,输出是测试的结果,即人脸表情分类的结果。结果的分类包含表情特征提取与表情特征分类两个步骤。特征提取需要提取两个特征,分别是加博尔特征与局部二进制模式特征。分类的方法是支持向量机,如图5-23所示是分类算法测试结果。

表情	预测值
平常	0.0717
惊讶	0.6702
悲伤	0.0162
开心	0.1100
害怕	0.1171
厌恶	0.0019
生气	0.0129

人脸表情　　表情预测示意图

图5-23 人脸表情分类测试

如果系统将某图像的表情置信值分别判断为"生气"等于7,"厌恶"等于1,"害怕"等于2,"开心"等于99,"伤心"等于1,"惊讶"等于0,结果则为"开心"。

(三)人脸表情数据集训练

数据集的训练过程总体分为以下几步。

1. 数据集处理

经过对数据集预处理后得到:特征集和目标集,将特征集拆分。一般而言机器学习的数据集都会被划分成三个子集:训练集、验证集和测试集。

拿到的数据集通常都是由人工或者半自动化的方式收集来的,每个输入数据都有对应的输出,机器学习要做的是学习这些已经收集好的数据中所包含的信息,并且在输入新的数据时做出正确的判断。

训练集是用来训练模型的,包含有各种输入数据和对应的输出结果,让模型学习它们之间的关系。

验证集用来估计模型的训练水平,根据验证集的表现来选择最好的模型。

测试集是用来测试训练好的模型在模拟的"新"输入数据上得出正确结果的比例。测试集只能在最后用于测试模型的性能,不能拿来训练。

2. 模型训练

模型训练包括给定训练集及建立模型(模型假设)和计算损失函数(误差函数)。

模型训练的相关概念包括：

(1)最优模型：即真实值和预测值之间的误差最小。从样本数据集中习得最优模型的算法，即最小化损失函数的算法称为学习算法。

(2)梯度下降法：一种迭代算法，常用于求解无约束最优化问题。算法过程为任意选取一个由参数初值不断迭代更新得到的新参数，使损失函数的函数值逐步降低。重复以上迭代过程直至两次迭代的函数值基本没有变化，此时认为损失函数收敛到最小值，迭代结束。

(四)表情识别

作为表情识别的最后一步，这一步主要是利用前面的铺垫实现表情识别的功能。根据不同的需求，不同的应用场景，通过摄像头等方式获得图像输入，对表情进行分类并且输出。

二、表情识别的应用

面部表情识别技术的应用领域有很多(如图5-24所示)，主要包括人机交互、智能控制、安全、医疗、通信等领域。而陪护机器人中的应用主要归属于人机交互领域。对于其他领域，例如在公共安全监控方面，可以根据表情判断是否出现了异常情绪，从而预防犯罪。此外，还可以利用商场中的摄像头来获取商场或门店的顾客画面，分析其面部的表情，从而进一步解读出客人的情绪信息，用于分析顾客对商场的满意度。

表情识别不仅可以识别一般的喜怒哀乐等表情，其在识别微表情的领域上也取得成就。微表情是一种短暂且微弱的面部表情，它揭露了一个人试图隐藏的真实情感，在公安、心理治疗等各个领域有很重要的应用。

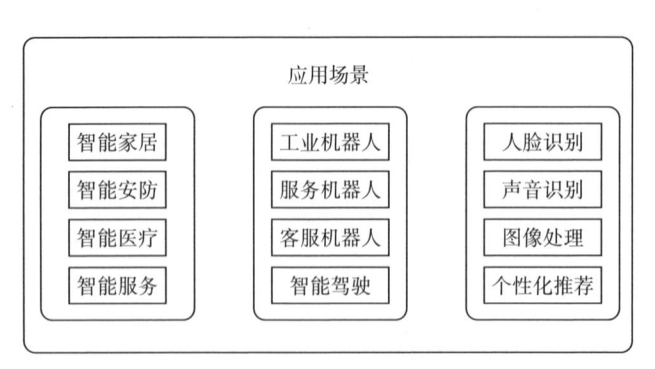

```
┌─────────────────────────────────────────────────┐
│                    应用场景                      │
│  ┌──────────┐    ┌──────────┐    ┌──────────┐  │
│  │ 智能家居  │    │工业机器人 │    │ 人脸识别 │  │
│  ├──────────┤    ├──────────┤    ├──────────┤  │
│  │ 智能安防  │    │服务机器人 │    │ 声音识别 │  │
│  ├──────────┤    ├──────────┤    ├──────────┤  │
│  │ 智能医疗  │    │客服机器人 │    │ 图像处理 │  │
│  ├──────────┤    ├──────────┤    ├──────────┤  │
│  │ 智能服务  │    │ 智能驾驶  │    │个性化推荐│  │
│  └──────────┘    └──────────┘    └──────────┘  │
└─────────────────────────────────────────────────┘
```

图 5-24 表情识别常见应用场景

第六章 人脸识别的应用

人脸识别的应用,已经越来越深入人们的生活中,无论是餐厅商超,还是小区办公楼,都能看到不少地方使用人脸识别设备。人脸识别技术逐渐成为生物识别技术应用的重要领域,在生活中多个场景可用"刷脸"完成,使人脸识别在多个场景中成为了重要的使用方式,一刷脸就能支付,一刷脸就能开门,非常高效和方便,本章将为大家介绍公共场景下人脸识别设备的使用。

6.1 人脸美颜领域

人脸识别技术一直以来都备受关注,其在安全和商业等领域有着广泛的应用。但是,你可能不知道的是,人脸识别技术也可以用于人脸美颜,为用户提供更好的体验。

一、人脸美颜原理

(一)对于面部瑕疵的分析

在数字化人像中,脸部皮肤光滑区域的像素数值分布比较均匀,但是对于皮肤瑕疵部分,如斑、痘、皱纹等,像素数值分布波动较大。这些瑕疵在空间域内表现为小范围数值波动,而在频率域内则表现为高频噪声。通过对整个脸部像素数值进行统计计算,不难发现,瑕疵区域的像素均值与其他区域的像素均值差异较大,并且远大于脸部像素的方差。因此,采用图像滤波技术对人像脸部进行滤波处理,可以消除皮肤瑕疵,达到人脸美颜的效果。如图6-1所示,左边为滤波前效果,右边为滤波后效果,可以观察到在右框内的区域进行了平滑处理。

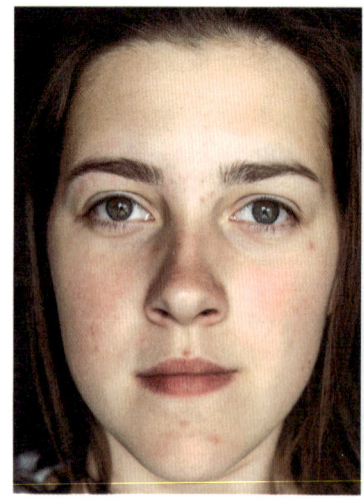

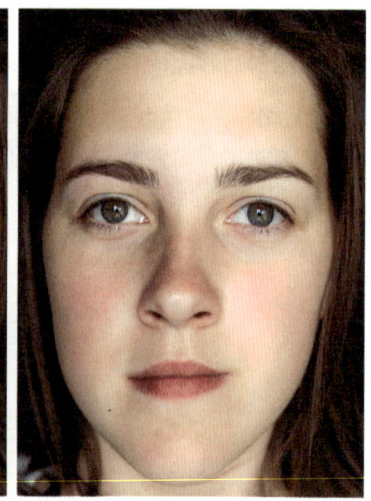

图6-1 滤波效果对比

(二)基于肤色的面部检测

人脸面部检测主要有两大方向:一是根据人脸五官特征进行划分,二是根据肤色模型分离出皮肤区域。根据人脸五官特征进行划分时,要先提取人脸的五官,描述人脸的面部特征,但是人脸面部表情变化复杂,参数变化明显,造成检测算法难以实现;肤色模型分离是一种基于统计原理的分割技术,人脸肤色和头发在色彩空间中分别属于不同阈值的色调参数,利用这一特性可以分离出需要美颜的面部。采用保边滤波与面部肤色检测相结合的方法对人脸进行美颜处理,会使得处理效果更加生动自然。

二、人脸识别实现美颜效果

下面详细介绍美颜是怎么实现的。

(一)实时特效处理

为用户提供多种特效,通过识别用户的面部信息,实时渲染给用户带来更加流畅的使用体验。(如图6-2所示)

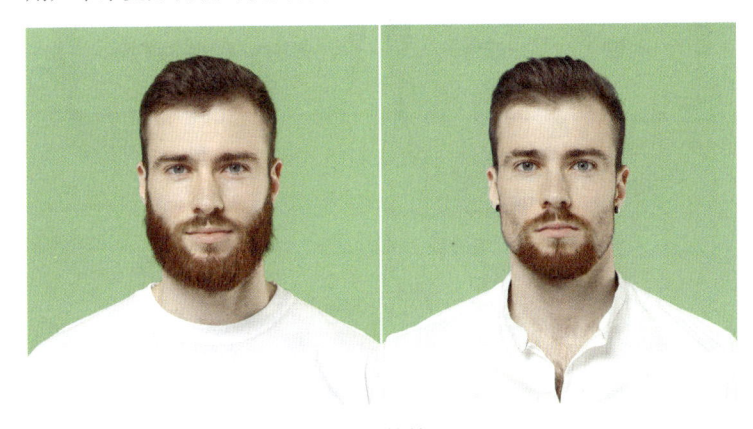

图6-2 特效图

(二)美颜美妆

通过人脸识别技术给用户提供合适的美颜美妆效果,精准识别面部特征,帮助用户重塑五官,为用户调整脸型,从眼睛、鼻子、唇到太阳穴、颧骨、下巴都可以通过科学计算人脸优化比例,使美颜美妆更贴合用户的脸部,更加自然。下面列举常见的美颜功能。

1. 瘦脸

通过对像素位置进行偏移来实现对脸部区域的放大缩小：由变形前坐标，根据变形映射关系，得到变形后坐标（如图6-3所示）。这其中变形映射关系是最关键的，不同的映射关系，将得到不同的变形效果。根据逆变换公式反算变形前坐标，然后插值得到该坐标RGB像素值，将该RGB值作为变形后坐标对应的像素值。

图6-3 瘦脸效果对比

2. 磨皮

所谓"磨皮"，是使皮肤变得更加光滑，其技术原理是在图片的人脸框部分再进行一次肤色检测（如图6-4所示）。只对人脸区域做磨皮，磨皮一般使用图像处理中的滤波算法。

图 6-4 磨皮效果对比

3.美白

  图片的美白是通过操作图片上的所有像素点，获得像素点的 R、G、B、A 的值然后将获取到的值进行一定数目的增量。在图像处理领域中，一张图片会使用三原色来保存图片的颜色信息，三个值的取值范围是 0—255：越靠近 0，图像就越黑，等于 0 的时候就是纯黑色；越靠近 255，图像就越白，等于 255 的时候就是纯白色。(如图 6-5 所示)

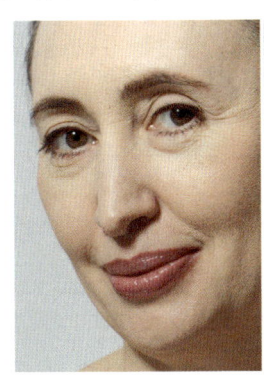

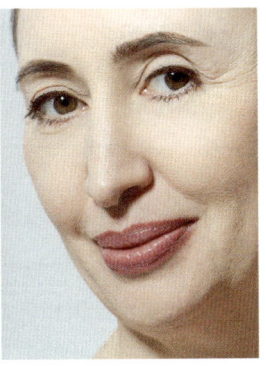

图 6-5 美白效果对比

(三)动态贴纸

通过精准定位五官,稳定面部跟踪,为用户提供动效素材,使用户在拍摄时有更多的玩法,带给用户更多的乐趣。

人像静态、动态贴纸特效几乎已经是所有图像视频处理类、直播类APP的必需品了,这个功能看起来复杂,实际上很简单。我们先来看一下通过FACEU软件添加动态贴纸后的两张效果图。(如图6-6所示)

图6-6 添加贴纸效果图

这两张效果图中,我们可以看到一些可爱的圣诞帽贴纸和小鹿形象贴纸。在人脸区域,自动贴上不同的贴纸,便会生成很多有趣的特效,这也是大家爱不释手的原因。现在静态、动态贴纸已经随处可见了。

1.人像贴纸

要实现人像贴纸,第一步是进行人脸检测与关键点识别。在识别人脸的基础上获取到关键点,这样才能准确地打上贴纸。现有的APP中,比如FACEU和轻颜相机,它们的贴纸基本上都是数十个人脸特征点的模板配置,也就是说,完成一个贴纸效果,需要数十个点位信息的支持。

2.贴纸融合

在开发人脸动态贴纸时,拥有了人脸特征点之后,接下来就是将贴纸融合到适当的位置,计算机如何将贴纸融合到恰当的位置的呢?

一是计算基准点。通常取人脸中的5个特征点,经过计算后得到3个关键点 A、B、C,这3个关键点在人脸中是变化比较小的,但是又可以同时覆盖整个人脸面部区域,所以具有整张人脸的代表性。A 为左眼中心点;B 为右眼中心点;C 为上嘴唇水平中心点。(如图6-7所示)

图6-7 人脸关键点

二是构建模特基准点。选取一张模特图,要求五官端正,比例协调,如图6-8所示。在图中标定出三个人脸关键点位置 A、B、C,并记录位置信息。

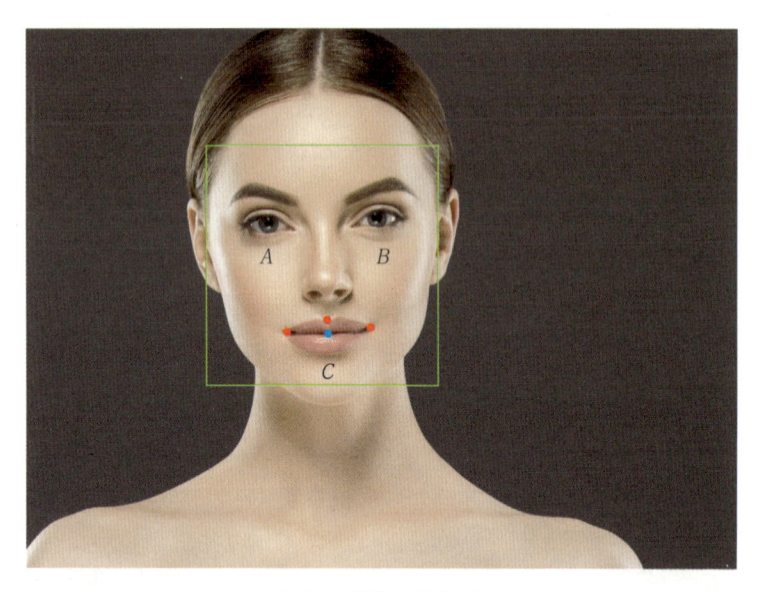

图6-8 模特基准点图

三是构建贴纸模板。如使用两个贴纸,在PS中将贴纸放置到模特脸上合适的位置,然后保存两个贴纸模板为mask_a和mask_b,这样两个贴纸模板就制作完成了。(如图6-9所示)

图6-9 贴纸模板

四是贴图。对于任意一张用户照片,根据贴纸模板像素的透明度进行混合,即可得到最终效果。(如图6-10所示)

图6-10 贴纸效果图

(四)特效滤镜

滤镜是图像美化中必不可少的步骤,所谓滤镜,最初是指安装在相机镜头前过滤自然光的附加镜头,用来实现调色等效果。

传统方法是先使用人脸特征关键点算法,勾画有效区域,然后在不同的区域进行亮度提升、去噪声等算法,实现美颜特效滤镜。图6-11展示了加几种滤镜后的效果。

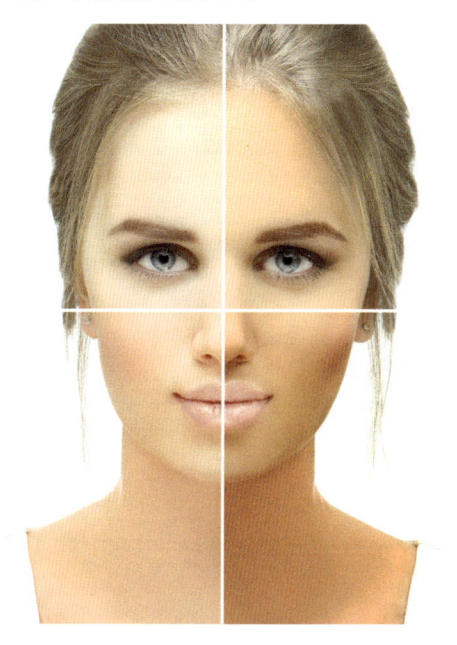

图6-11 滤镜效果图

在智能美颜方面使用人脸识别技术,可以增加用户社交娱乐的互动性,满足人们更多的需求。

因为现在美颜的功能越来越多,用到人脸识别技术的地方也变得越来越多,因为有了人脸识别技术的存在,可以为用户提供多种特效,通过识别用户的面部信息,实时渲染及预览才能给用户带来更加流畅的使用体验。其中动态贴纸通过识别完成精准的五官定位,稳定的面部跟踪,为用户提供动态效果素材,使用户在拍摄时有更多的玩法,带给用户更多的乐趣。美颜时人脸检测比较精确的话,即使是在人脸移动或者光线不清楚的情况下,都能够实现美颜,保证美颜的效果。

6.2 门禁系统领域

现在是智能科技时代,很多东西都开始走向智能化,我们的门锁也逐渐从原来的钥匙锁变成了密码锁,再发展到指纹锁,甚至还出现了人脸识别锁。全国各地的小区也陆陆续续安装了人脸识别门禁机,只需要人脸对准识别画面的方框,门禁就会自动做出反应。目前,人脸识别门禁系统已经被广泛应用于小区出入口、电梯、学校等重要场所中,取代了传统的门禁卡或密码验证方式。

一、人脸识别门禁

人脸识别门禁相比传统的门禁系统,用户无需随身携带识别信息载体与设备,当用户进入人脸设备识别范围内即可自动开闸通行。由于人脸的直观性和不易被复制的特性,它能阻止陌生人随意进出场所,减少了安全事故的发生。人脸识别门禁更加符合人们对于身份信息的认知逻辑,无需携带额外的信息载体与设备进行接触,也更加容易让用户接受,也让日常的身份识别工作变得更加高效。(如图6-13所示)

图6-13 人脸识别门禁

二、门禁系统设计原理

我们需要建立一个人脸数据库,将能够访问该门禁系统的所有人的人脸信息都存储到该数据库中。考虑到数据库在处理少量数据和单机访问的数据库时效率很高,因此系统中采用数据库来存储可以访问门禁系统的人脸样本图像。当某个人需要访问该门禁系统时,系统首先通过前端摄像头对来访者脸部进行拍照,采集来访者的图像信息,并将采集到的图像信息输入电脑中。然后电脑对输入的来访者图像信息进行预处理,以尽量减少光照、表情、输入设备等因素造成的影响。最后对经过预处理过的人脸图像进行特征提取,并将来访者的人脸信息与数据库中允许访问的人脸信息进行比对识别并记录识别结果。如果来访者的信息在系统数据库中存在,则计算机会把开门的指令发送给门禁系统,允许来访者进入。否则，将会拒绝开启门禁系统，并把该来访者的人脸数据信息全部记录下来，以备事后核查。门禁系统的大致接线如图6-14所示。

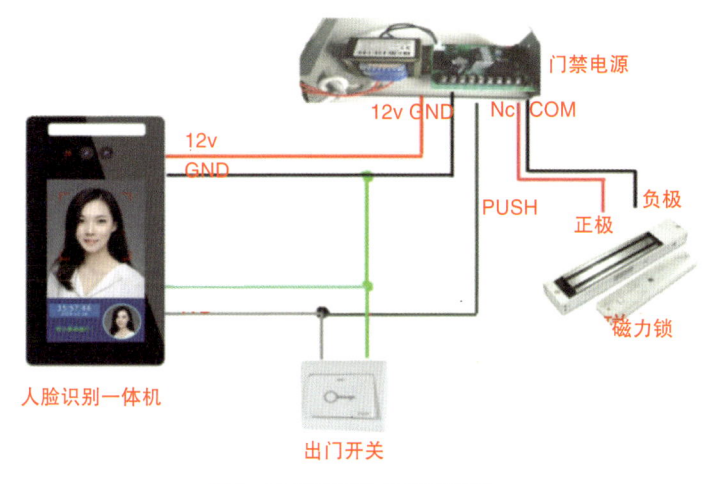

图6-14 门禁系统接线示意图

三、门禁系统实现过程

人脸识别门禁系统由于具有安全性高、方便快捷、节约成本等优点已被广泛应用，不仅保证了小区业主的人身和财产安全，而且提升了小区环境和档次。那么门禁系统的人脸识别功能是如何实现的呢？我们可以了解一下门禁的几个关键要素。

(一)硬件安装

根据社区入口的大小和人流规模，安装不同数量的门禁闸机，并在闸机上安装人脸识别系统，这是门禁人脸识别的硬件基础。

(二)系统配置

把各数据端口连接线连接起来,配置好人脸门禁机上面的参数和网络,并保持系统处于打开状态。

(三)人脸录入

通常可以通过现场录入和远程录入两种方式进行。还可以对录入人备注不同身份,如"白名单""黑名单""灰名单"等。(如图6-15所示)

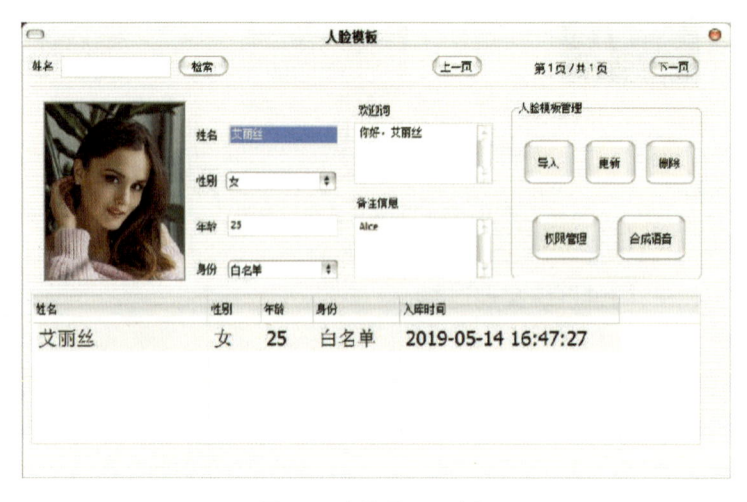

图6-15 人脸录入示意图

(四)人脸的检测

人脸检测算法的功能是通过人脸抓拍摄像机拍摄人脸,先在动态的场景与复杂的背景中判断是否存在人脸图像,然后从中分离出人脸并标定人脸所在区域。人脸检测主要受光照、姿态、面部表情等变化的影响。(如图6-16所示)

图6-16 人脸抓拍

(五)人脸比对

人脸录入成功后,系统留存人脸照片作为比对模型,通过系统接入的人脸比对API接口,当有实时人脸进行验证时,摄像头会采样生成生物特征数据,通过和人脸库内的照片进行比对,判断该人的身份信息,快速确认是否可以进入。(如图6-17所示)

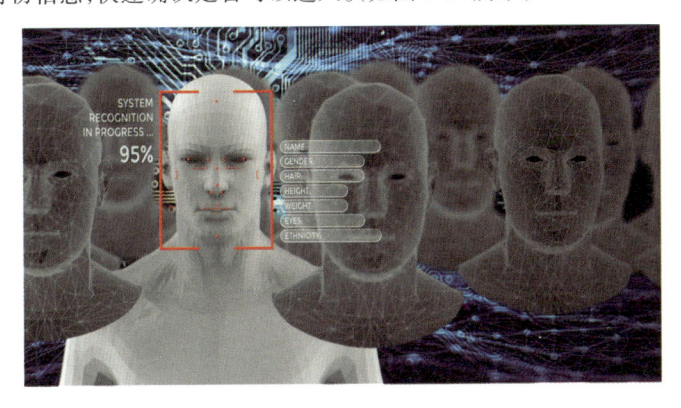

图6-17 人脸比对识别

(六)识别成功联动

对于白名单中的人员可设定播报欢迎词,联动开门等。对于黑名单中的人员可设定触发联动警报,通知值班人员进行进一步处理。

门禁作为社区安全的防线,其重要性不言而喻,门禁系统的设计工作渐渐成为安防市场关注的重点之一。

6.3 人脸支付领域

随着移动支付的普及,人们越来越依赖于手机支付和其他数字支付方式。而现在,人脸识别技术的应用让支付变得更加方便、快捷和安全。作为一种新型的便捷支付手段,其支付的安全问题也引发了争议,人脸支付到底安全吗?下面我们将介绍人脸识别技术在人脸支付领域中的应用。

一、人脸识别技术在支付领域的起源与发展

人脸识别支付堪称颠覆支付行业的全新革命,从现金时代到刷卡时代,再到扫码时代,短短几年时间,扫码支付成为深受人们追捧的支付方式。而今新时代已经到来,刷脸支付技术诞生了。(如表6-1所示)

表6-1 我国人脸识别支付技术的起源与发展

时间	人脸支付技术发展节点
2013年	中国科学院重庆研究院首先启动了对刷脸支付的研究。
2014年	蚂蚁金服公司启动了对刷脸支付背后最重要的人脸识别技术的探索。
2015年	马云在德国汉诺威IT博览会上,现场为德国总理演示了刷自己的脸"淘"礼物。
2019年	微信推出刷脸支付设备——青蛙。

二、人脸识别技术在支付领域的发展现状

传统支付认证手段中,密码容易遗忘而且便利性差;指纹和虹膜识别的用户体验不佳;声纹难以精确匹配,且容易被复制。而人脸识别的唯一性和不易被复制性为身份鉴别提供了保障,与其他类型的身份鉴别方式相比具有明显优势,应用场景也越来越丰富。

(一)刷脸开户

在账户实名制以前,传统电子账户开户时,无法通过面对面的方式进行身份认证,引进人脸识别技术后,账户操作员可以通过联网核查来核对申请人身份证件,将人脸识别采集的照片与公安系统的身份证照片进行比对来验证账户申请人身份的真实性,确保人证合一。目前,各银行还在积极探索将人脸识别技术应用于远程开户。(如图6-18所示)

图6-18 刷脸开户示意图

(二)刷脸取款

银行卡通过密码完成取款的方式已经延续了很多年,且在未来很长一段时间都不可能被取代,但这种取款方式存在取款人的不唯一性。应用人脸识别技术后,人脸识别系统将对取款人进行二次核

对，即首先对取款人的面部特征进行图像采集，再利用其后台数据库对取款人面部特征进行比对，比对成功即可完成取款。相较于传统的银行卡取款，刷脸取款只能由取款人本人进行操作，降低了银行卡被盗刷的风险，安全性得到了提高。(如图6-19所示）

图6-19 刷脸取款

(三)刷脸支付

"刷脸"在支付业务中对安全性、准确性、辨识度、实时性的要求很高，目前线上线下支付业务均不同程度地应用了人脸识别技术，如京东、阿里巴巴等线上消费平台，同时也应用于线下的自助点餐、超市购物、自助结账等方面。(如图6-20所示）

图6-20 刷脸支付

三、人脸识别技术在支付领域的应用现状

传统支付认证方法存在不足,如签名容易被伪造、密码容易遗忘等。指纹和虹膜识别技术需要特制的摄像头和红外感应器等,成本居高不下,导致未能被广泛使用。声纹验证难以精确匹配,而且容易被不法分子复制。人脸识别支付认证技术因其具有唯一性、不可复制性和稳定的特点,安全性更高,优势更明显,应用场景也更广泛。

目前我国移动支付产品已渗透到生活的方方面面,行业呈高速增长态势。其中能提高用户支付体验度的人脸识别支付在技术探索和商业化运作方面更是世界领先。数据显示,2018—2020年中国人脸识别支付用户规模持续扩大。(如图6-21所示)

2018—2022年中国刷脸支付用户规模

年份	用户规模(亿人)
2018	0.61
2019	1.18
2020	2.43
2021	4.95
2022	7.61

图6-21 2018—2022年中国刷脸支付用户规模

四、人脸识别技术在支付领域的应用优势

随着移动支付技术的发展,人脸支付作为一种新兴的支付方式,正越来越受到人们的青睐。人脸支付作为一种安全、快捷、无接触的支付方式,具有以下优势。

1.安全性高

人脸支付采用了生物识别技术,比传统的支付方式更安全。由

于人脸特征独一无二,几乎不可能被冒用或伪造,因此可以避免支付过程中出现盗刷等风险。

2.方便快捷

人脸支付不需要用户携带任何支付设备,只需要打开手机上的人脸识别功能即可完成支付。这种方式不仅方便快捷,还能减少用户的负担和支付成本。

3.无接触支付

当前,无接触支付成为了一种新的趋势,而人脸支付恰好满足了这一需求。使用人脸支付不需要任何物理接触,避免了疾病传播的风险,更加卫生。

6.4 考勤签到领域

人脸识别考勤是通过对人脸进行特征识别完成考勤,目前技术层面已突破昼、夜光线的影响,能在自然状态下达到快速识别的效果。目前,人脸识别考勤产品在市场上尚处于一种起步发展的状态,但人脸识别考勤技术的优势十分明显。

人脸识别考勤杜绝了代打卡考勤行为的发生,消除了指纹考勤会接触使用的不足。如今随着技术的不断成熟和成本的降低,人脸考勤逐步显露出了取代指纹考勤的趋势。

一、人脸考勤应用场景

人脸识别考勤主要用于学校和企事业单位,人脸识别智能终端能够利用人脸远距离检测的方式自动捕捉人脸信息,能够快速识别出人脸信息,结合学校、公司的考勤管理系统,快速生成考勤记录。

(一)办公楼宇的人脸识别考勤

办公场所的进出也可安装人脸识别考勤机,根据实际需求及考勤规则设置考勤时间,人员"刷脸"考勤,系统实时准确地记录人员考勤情况。管理人员可通过管理后台随时查看人员考勤状态,各种数据一目了然。(如图6-22所示)

图6-22 人脸识别办公考勤

(二)校园人脸识别考勤

目前各大校园广泛使用的刷脸考勤与传统纸质签到、口头点名、手动刷卡大有不同,只需通过摄像头抓拍人脸信息,即可实现毫秒级签到,多个学生同时通过摄像头的情况下也可以完成准确识别,实现批量打卡,大大节省了签到时间,提升了课堂教学效率。

此外,刷脸考勤使得签到更加规范,避免代签情况的出现。人脸签到数据可追溯,使得班级考勤率和个人出勤率一览无余,帮助老师、家长更好地了解学生状况。(如图6-23所示)

图6-23 校园人脸识别考勤打卡

二、人脸识别考勤实现过程

（一）人脸图像采集与预处理

系统通过摄像头采集人脸图像，利用 Open CV 中的库函数对采集的人脸信息进行处理，提取相关人脸特征信息，在采集过程中将采集到的人脸区域进行切割并保存，如图6-24中的人脸图形预处理后效果就如图6-25所示。

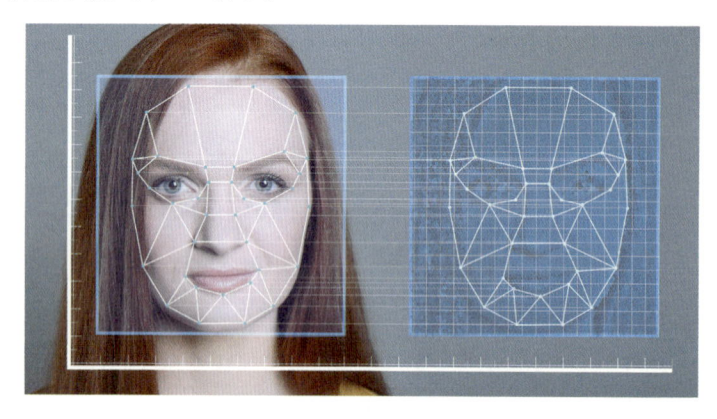

图6-24 输入待识别人脸图像

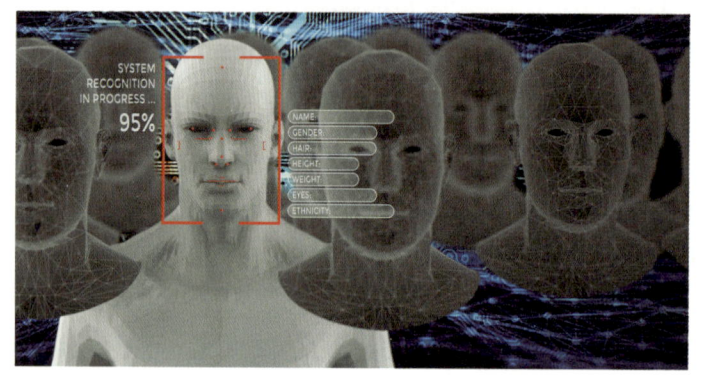

图6-25 图像预处理后

(二)人脸图像特征提取

根据系统检测的人脸特征信息,使用卷积神经网络对特征人脸图像特征进行提取,使人脸图像转化为特征点形式图像,并使神经网络将其对齐到基准人脸上,之后上传到特征匹配数据库中,实现特征点形式的人脸图像数据。对人脸区域图块进行处理,提取数字化特征,即完成从RGB信息到数值特征的变换。

(三)数据库人脸信息比对

对采集到的人脸图像进行处理,利用特征数据与数据库中存储的人脸数据信息进行搜索匹配,根据设定阈值对人脸的身份信息进行判断,并输出匹配的结果。系统采用确认和辨认这两种比对方式实现一对一和一对多的不同模式的图像匹配。

(四)考勤数据管理

管理员通过系统管理,可查询系统自动统计的用户签到记录。通过在主界面中点击"签到记录"按钮,可查阅签到信息。

传统的考勤方式,如打卡机打卡考勤以及指纹识别考勤,比较费时费力,考勤效率低,且准确率也不高。随着移动设备的发展,人脸识别技术利用移动设备上带有的摄像装备收集人脸图像,并上传到数据库,将采集的人脸图像自动与数据库的图像信息进行匹配,代表着新一代的考勤方向,其辨识度、准确率都十分高。

6.5 智慧出行领域

人脸识别技术广泛应用于交通出行管理领域，目前主要在一些公共场所出入口安装使用，其对设备的安全性及识别准确性要求较为严格，例如高铁车站，节假日人员进站流量较大，以前靠人工检票难免会造成拥堵的现象，而今采用人脸识别闸机系统就可以为旅客办理自助核验进站，能够自动识别、快速通行，大大提高了检票系统的安全性和可靠性，有效提高了通行效率，减少了车站人力和物力成本。人脸识别系统的出现，也让通道出入口实现了真正意义上的智能化管理。（如图6-26所示）

图6-26 火车站人脸识别系统

一、人脸识别技术与传统票卡技术对比

对比传统的验证方式,人脸识别身份验证技术具有唯一性和不可复制性,能够实时完成身份鉴别及行动轨迹分析。旅客可通过网络等渠道购买车票,也可通过网络等渠道退票和改签,足不出户完成购票、退票、改签等操作,还可不用换取纸质车票,节省了资源,节省了旅客出行时间,有效防范丢失车票或购买到假票的风险。(如图6-27、图6-28所示)

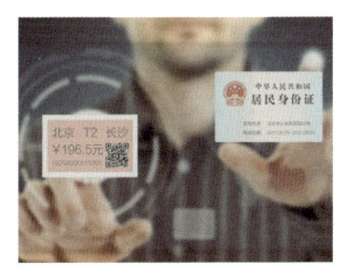

图6-27 传统票卡验证　　　图6-28 人脸识别验证

人脸识别验证技术主要依托于前端图像采集与后台智能算法结合,已实现城市轨道交通场景应用需求。目前城市轨道交通应用人脸识别技术场景需搭建基于人脸识别算法的后台综合系统,用于储存优化人脸识别算法并搭建城市轨道交通人脸识别数据库。

二、刷脸进站原理

刷脸进站所用的是人脸识别技术,这是基于人的脸部特征信息进行身份识别的一种生物识别技术。用摄像机或摄像头采集含有人脸的图像或视频流,并自动在图像中检测和跟踪人脸,进而对检测到的人脸进行识别的一系列相关技术,也称为人像识别、面部识别等。(如图6-29所示)

摄像头在采集人脸图片时会先定位图片中的人脸,然后再从中定位诸如眼角、鼻尖、嘴角、脸部轮廓等特征点,接着进行光线补偿、对遮挡物剔除校正等操作,最后用深度学习算法进行身份特征提取并与后台数据比对等方法来识别身份,在这个过程中,轻微胖瘦变化及稍微化妆等不会影响识别效果。

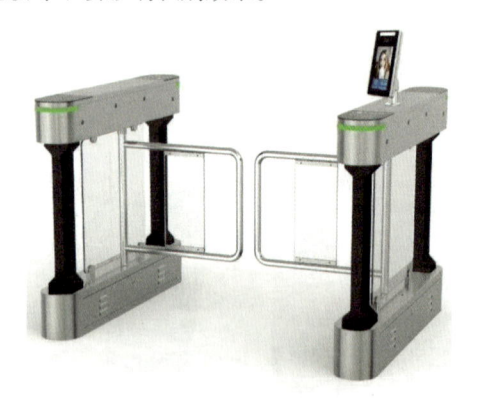

图6-29 刷脸进站示意图

三、人脸识别方案优势所在

人脸识别乘车的验证设备好处颇多,主要有以下几个优点。

(1)提高通行速度。以往通过人工查验,每查验一人至少需要5秒,利用机器之后大约能做到一秒完成查验。

(2)提升识别效率。人眼在识别整容、肥胖或者发型改变等情形时准确率会有所降低,而机器则不会受影响。

(3)减轻工作人员压力。以前车站客流量增加时车站工作人员工作负荷很重。应用刷脸进站技术可以大大减轻工作人员负担。

(4)提升安防等级。通过人脸比对可迅速锁定在逃嫌犯。

人脸识别

第七章
法律与伦理

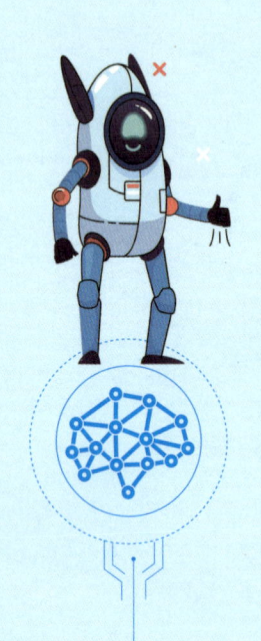

近年来，随着人工智能技术的飞速发展，也产生了许多法律和伦理层面的问题，本部分将从人工智能与法律、人工智能伦理概述、人脸识别的法律需求和人脸识别的伦理规范几方面对相关的法律与伦理这个主题进行介绍。

7.1 人工智能与法律

为什么要为人工智能制定法律？后面的内容中我们将举出有关的案例来说明这么做的必要性，接着还会介绍国际人工智能与法律协会（英文缩写：IAAIL）的情况，最后提出一些有趣的问题供读者思考。

一、为什么要制定相关法律

近年来，人工智能机器人研发、部署、安装与使用，在引发全球讨论的同时，也鼓励着政府监管的创新和法律责任的界定。例如，无人机在成为大众消遣工具的同时还在反恐战争中发挥着重要作用；智能机器人可以取代工厂中的体力劳动者，由此带来了劳动力市场的革命；人形机器人可以在学校协助教学工作、在养老院中照顾老年人；辅助机器人技术广泛应用在医疗领域，不管是在鉴别诊断普通疾病还是对孤独症患者的心理治疗或在复杂的外科手术中，都能发现智能机器人的身影。机器人在我们生活的各个方面广泛存在，不仅带给人类新的机会与挑战，同时还改变着人类的行为方式。国务院发布的《新一代人工智能发展规划》（以下简称《规划》）中就提到，在移动互联网、大数据、超级计算、传感网、脑科学等理论创新、技术创新的多因素共同驱动下，人工智能技术加速发展，呈现出深度学习、跨界融合、人机协同、群智开放、自主操控等新特征。大数据驱动知识学习、跨媒体协同处理、人机协同增强智能、群体集成智能、自主智能系统成为人工智能的发展重点，类脑智能助推人工智能发展进入新阶段。当前，新一代人工智能相关学科发展、理论建模、技术创新、软硬件升级等各项技术整体推进，正在引发链式突破，推动经济社会各领域从数字化、网络化向智能化加速跃升。2017年，谷歌人工智能深度思维团队宣布新版的 AlphaGo Zero 计算机程序可以突破人类知识的局限，迅速实现自我学习。这个新版阿尔法狗从零开始自学围棋，仅用3天时间，就以100比0的成绩击败了旧版的阿尔法狗，这是人工智能技术的重大突破。（如图7-1所示）

新一代人工智能技术是国际竞争的新焦点、经济发展的新引擎，它将带来社会建设的新机遇。而发展的不确定性也可能带来新挑战，如改变就业结构、冲击法律与社会伦理、侵犯个人隐私、挑战国际关系准则等，这将对政府管理、经济安全和社会稳定乃至全球治理产生深远影响。

图 7-1 AlphaGo Zero 自我学习示意图

二、人工智能相关法律案例

人工智能最早的表现形态是机器人,是以替代人类去实现更精细的操作或在更恶劣的环境中从事重复劳动为目标的。美国的雷恩·卡洛教授是最具影响力的机器人法律方面的专家之一,他通过研究近50年来所有涉及机器人的案件后,发现机器人涉法问题的争论早已有之。他认为机器人法律简史可以通过以下四个案例来描述。案例一,肖像权案。如20世纪90年代初,某公司做了一个广告,广告中的机器人使用了某女明星的肖像特征,而该女明星认为这一举动侵犯了她的肖像权,她以各种方式起诉侵权的这家公司。最终,她赢得这场官司。这是一个典型的关于个人是否拥有自己肖像权利的案例。法庭也由此开始考虑是否能够视机器人为演员从而征收娱乐税。案例二,木马捣乱案。有一名网页开发者在推特上向当地的一个时装秀发出了一个死亡威胁,然而被逮捕后他却表示对此事毫不知情。调查后发现,信息是他编写的一个程序自动发出的,最终他被无罪释放。自此,世界上第一例"无犯罪实施者"的案件形成了。案例三,太空机器人案。美国曾通过法案鼓励私人公司进行太空探索,包括那些对小行星矿产感兴趣的公司。雷恩教授表示在未来这种工作肯定是交给机器人去做的,不难想象各种法律问题会由此产生,说不定太空机器人律师会成为一个正式的职业。案例四,自动驾驶汽车案。关于无人机和自动驾驶汽车的法律关系更为复杂,许多法律尚待拟定,并且要控制它们的法律风险。(如图7-2所示)

图7-2 讨论机器人的相关法案

雷恩教授论及的这些法律案件,涉及诸多法律问题,比如:机器人的肖像权,或由此衍生的人格权,是否应该像对待人类一样给予机器人权利;如果机器人犯罪了,机器人是否具有刑法意义上的"主观能动性",它是否要受到法律的约束与制裁;机器人行动的程序是由人编写的,相应的法律责任由谁承担,是否按比例分担;是否允许自动驾驶车辆在道路上行驶;当一辆自动驾驶车辆发生道路交通安全事故时,由谁负责赔偿损失等。(如图7-3所示)

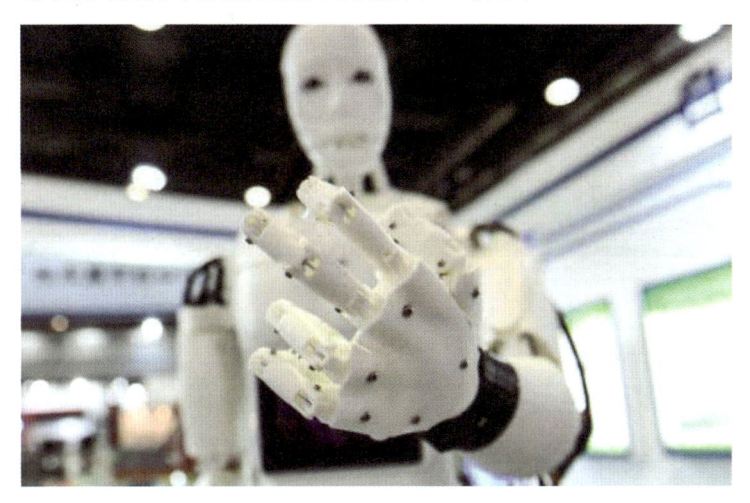

图7-3 机器人能否享受跟人类一样的合法权益

三、人工智能与法律的发展

人工智能技术已深入我们的生活之中(如图7-4所示),机器人发展的最新形态是新一代人工智能。人工智能是研究、开发用于模拟、延伸和扩展人的智能的理论、方法、技术及应用系统的一门新的技术科学。该领域的研究包括机器人、语言识别、图像识别、自然语言处理和专家系统等。《人工智能:一个现代方法》一书中提出了多种不同的人工智能定义,分成四类:像人一样思考、像人一样行为、理性思考、理性行为。人工智能可以模拟人的意识及思维,能像人那样思考、像人那样行为,甚至超过人的智能。

图7-4 人工智能已深入生活

1987年,在美国举办了首届国际人工智能与法律会议,旨在推动人工智能与法律这一跨学科领域的研究和应用,并最终促成国际人工智能与法律协会成立(如图7-5所示),人工智能的法律研究包括但不限于以下议题:法律推理的形式模型,论证和决策的计算模型,证据推理的计算模型,多智能体系统中的法律推理,自动化的法律文本分类和概括,自动提取法律数据库和文本中的信息,针对电子取证等法律应用的机器学习和数据挖掘,概念上的或者基于模型的法律信息检索,完成重复性法律任务的法律机器人,立法的可执行模型。

图7-5 国际人工智能与法律协会相关会议

四、人工智能与法律的有关讨论

下面是一些关于人工智能与法律的讨论。

(一)是否允许自动驾驶车辆在道路上行驶

德国已经通过立法,允许符合规定的自动驾驶汽车在公共道路上行驶。(如图7-6所示)

图7-6 自动驾驶汽车在道路上行驶示意图

(二)当一辆自动驾驶车辆发生道路交通安全事故,应该由谁负责赔偿损失

具体情况需要具体分析,目前大致分为以下三种情况。

1.由自动驾驶汽车的制造商、软件提供商承担责任

自动驾驶汽车(如图7-7所示)的制造商和软件提供商就其本质上而言提供的还是一类产品,因此可以按照《中华人民共和国民法典》以及《中华人民共和国产品质量法》中有关规定,请求其对因自动驾驶汽车设计缺陷或质量瑕疵造成的事故承担责任。

图7-7 自动驾驶汽车示意图

2.由智能驾驶系统辅助平台提供商承担责任

自动驾驶汽车系统的自动驾驶不仅仅依靠算法本身,在其决策的过程中需要多方平台为其提供数据,这些为自动驾驶功能的实现提供数据帮助的平台,就是智能驾驶系统的辅助平台。如果这些辅

助平台提供的信息出现错误导致自动驾驶汽车做出错误的决策,从而引发交通事故的话,辅助平台需要根据过错原则承担责任。

3.由自动驾驶车辆的所有人与使用者承担责任

自动驾驶汽车的所有人与使用者可以适用雇主替代责任原则。雇主承担替代责任以雇员在从事雇佣活动中造成的损害为限,不对雇员超出职务范围的非职务行为负责,但是必须注意界定职务行为与非职务行为的边界,准确区分自动驾驶汽车造成损害的行为是否在适用范围内。

7.2 人工智能的伦理概述

电气与电子工程师协会(英文缩写:IEEE)发布的第2版《人工智能设计的伦理准则》白皮书(如图7-8所示)旨在指导我们认识这些技术可能造成的技术外影响,确保人工智能设计能够符合人类的道德价值和伦理原则,并充分发挥系统益处。其所提供的一些洞察

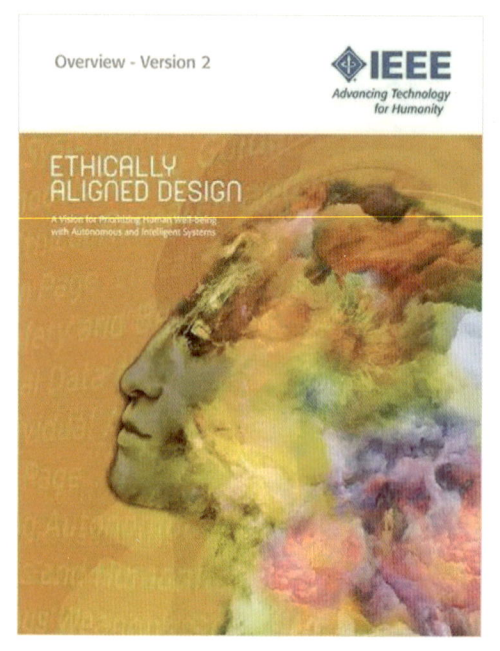

图7-8 《人工智能设计的伦理准则》(第2版)

和建议,可为未来从事相关科技领域的技术专家提供重要参考,同时促进制订出符合这些原则的政策。其目标在于指导人类合乎伦理地设计、开发和应用人工智能技术,并确保它们不侵犯国际公认的人权,在技术的设计和使用中优先考虑人类福祉。同时确保它们的设计者和操作者负责任且可问责,并以透明的方式运行这些系统,从而将滥用的风险降到最低。

笔者认为,IEEE所发布的《人工智能设计的伦理准则》主要涉及以下11个方面的内容(如表7-1所示)。

表7-1 《人工智能设计的伦理准则》涉及的11个方面

1	解决系统设计中伦理问题的建模过程
2	自主系统的透明性
3	数据隐私的处理
4	算法偏见的处理
5	儿童与学生数据治理标准
6	雇主数据治理标准
7	个人数据的AI代理标准
8	伦理驱动的机器人和自动化系统的本体标准
9	机器人、智能与自主系统中伦理驱动的助推标准
10	自主和半自主系统的失效安全设计标准
11	合乎伦理的人工智能与自主系统的福祉度量标准

具体来说,IEEE所发布的《人工智能设计的伦理准则》明确了个人数据权利和个人访问控制,人们有权决定其个人数据的访问权限,有权利控制其个人数据的使用;个人需要各种机制帮助建立、维护其独特的身份和个人数据;同时需要其他政策和做法,使他们能明确知晓融合或转售其个人信息将产生的后果。除此之外,IEEE希

望通过经济效应增进福祉,也就是通过价格合理的通信网和互联网的接入,智能与自主技术系统可以供任何地方的人群使用并使其受益。另外,问责的法律框架不可或缺,智能系统与机器人技术的融合带动了系统的发展,这类系统能模仿人类,具有部分自主性,有完成特定智力任务的能力,甚至还可能拥有人类的外貌。因此,复杂的智能和自主技术系统的法律地位问题与更广泛的法律问题交织在一起,这些法律问题涉及如何确保问责制,以及当这类系统造成损害时如何分配责任。最后,还需要教育公众知悉相关技术的社会影响,电气与电子工程师协会图标如图7-9所示。

图7-9 电气与电子工程师协会图标

IEEE同时也回应了对未来技术的关切。如确保武器系统在人类有效的控制中,自动化武器的设计应包含供追踪的数据,以确保可问责和可控,包含自适应和可学习的系统,以透明和可理解的方式向操作人员解释其推理和决策,培训自主系统的操作人员,其身份应可清晰识别,同时自动功能行为的实现对操作人员而言是可预测的,并确保技术开发人员能够理解其工作的后果,制定职业伦理守则等。而针对通用人工智能(如图7-10所示)和超人工智能的安全性和有益性问题,IEEE认为与其他强大的技术一样,智能和自我改善技术系统的开发和使用涉及相当大的风险。这些风险可能来源于滥用或不良设计。然而,根据某些理论,当系统接近并超过通用人工智能时,无法预料的或无意的系统行为将变得越来越危险且难以纠正,并不是所有通用人工智能级别的系统都能与人类利益保持一致。因此,当这些系统的能力越来越强大时,应当谨慎确定不同系统的运行机制。

图 7-10 人工智能的未来——通用人工智能

7.3 人脸识别的法律需求

目前,人脸识别在我们的生活中已经十分常见,无论是考勤还是手机账号登录,都需要用到人脸识别。但是人脸识别也涉及我们许多隐私方面的问题,因此这也引发了相关的法律需求。(如图7-11所示)

我国国务院先后出台了一系列旨在推动人工智能产业发展的政策文件,法学界也高度关注人工智能发展给现有法律带来的冲击并主动做出调整以应对人工智能时代的需求。

例如,《中华人民共和国消费者权益保护法》首次在法律上规定了经营者在经营过程中收集、使用消费者个人信息时应履行的义务。此外,《中华人民共和国网络安全法》也将个人信息列入保护对象,确立了收集个人信息应遵循的原则。《中华人民共和国民法典》在人

图7-11 网络安全的法律需求示意图

格权部分也加入了个人信息保护的内容,并将生物识别信息列入个人信息,明确了处理个人信息应坚持"合法、必要、正当"原则、知情同意原则以及传输限制原则,架构起了个人信息保护的新机制。

  在国家层面,颁布了《信息安全技术公共及商用服务信息系统个人信息保护指南》,这是我国首个关于个人信息保护的国家标准。也重新修订了《信息安全技术 个人信息安全规范》(如图7-12所示),首次区分了个人信息和个人敏感信息,明确了个人信息的判定方法和类型,将包括面部识别特征在内的个人生物识别信息列为个人敏感信息,规定了收集、保管和使用个人敏感信息应遵循的知情同意原则、最小够用原则和再次转让明确授权原则。

图7-12《信息安全技术 个人信息安全规范》示意图